年年岁岁好时节

——我们的二十四节气

山西省气象局◎编著

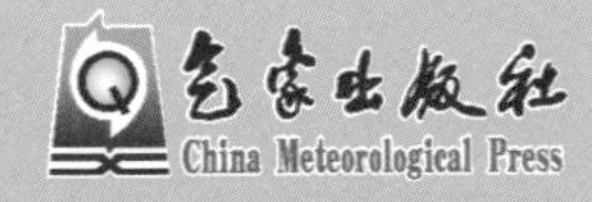

图书在版编目（CIP）数据

年年岁岁好时节：我们的二十四节气 / 山西省气象局编著. -- 北京：气象出版社, 2019.8
ISBN 978-7-5029-6997-4

Ⅰ. ①年… Ⅱ. ①山… Ⅲ. ①二十四节气—介绍
Ⅳ. ①P462

中国版本图书馆CIP数据核字(2019)第143235号

年年岁岁好时节——我们的二十四节气
Niannian Suisui Hao Shijie—Women de Ershisi Jieqi

山西省气象局　编著

出版发行：气象出版社
地　　址：北京市海淀区中关村南大街46号　邮政编码：100081
电　　话：010-68407112（总编室）　010-68408042（发行部）
网　　址：http://www.qxcbs.com　E-mail：qxcbs@cma.gov.cn
责任编辑：殷　淼　邵　华　终　　审：吴晓鹏
责任校对：王丽梅　责任技编：赵相宁
封面设计：符　赋
印　　刷：北京地大彩印有限公司
开　　本：710mm×1000mm 1/16　印　　张：7.5
字　　数：125千字
版　　次：2019年8月第1版　印　　次：2019年8月第1次印刷
定　　价：32.00元

年年岁岁好时节

——我们的二十四节气

序言

关于“二十四节气”的著述自古至今已屡见不鲜，之所以总有人不断地对其加以复述、更新和添加新的内容，是因为它与人们的生产生活密不可分。无论是在古代社会生产力低下的农耕阶段，还是当下逐渐步入农业现代化的时期，中国人总是围绕着“二十四节气”周而复始地劳作，年复一年地分享着“二十四节气”带给人们的丰腴回馈。

关于“二十四节气”的诞生地，众说纷纭，但是，其“形成于我国黄河流域”却是不争的事实。20世纪初，在山西省临汾市襄汾县陶寺乡的考古中发现了一座400多平方米的半圆形观测台。以观测台为圆心，呈扇状排列着13根土柱，人们通过柱子之间的缝隙观察日出的方向，并确定了一年中的四个季节和十二个节气。这一考古发现，印证了《尚书·尧典》中有关天文、气象、历法等知识背景确实可以上溯到距今4000年前，还印证了这一历法在那时已经作为农耕社会生产生活的“时间指南”，指导着当时的农业生产和日常生活。“十二节气”为中华民族的农业生产、繁衍生息做出了不可替代的贡献，也为“二十四节气”的完善奠定了基础。

以前看到的一些书籍，大都是简略地介绍“二十四节气”的时间概念和地理概念，也有的简要描述一些农事活动。而此书的最大特点是将“二十四节气”与气象知识、气候特点、传统谚语、历史典故、民俗民风、诗词曲赋、生产生活和医疗养生等众多知识巧妙地融为一体，构成了一本丰富多彩、趣味横生、意义独特的“小百科”，不能不让人叹服。此书的第二个特点是以手机微信公众号为媒体，用最现代的通信手段，用最快捷的播报方式将这一中华传统文化转化为科学的种子播撒在大众心里，使其生根开花结果，人们在闲暇之余，打开手机便可以享受到科普的乐趣；此书的第三个特点是在向人们传递气象科普知识的同时，还能够指导人们的衣食住行，指导农业生产，传承中华传统文化。此书文字言简意赅、内容丰富，播报以后受到了广大读者和听者的好评。

此书贴近生活，特别适合社会群众阅读。如人们对《冬至数九歌》较为熟悉，每到冬日便会听到人们在吟唱，而对《夏至数九歌》却比较陌生，很少听人诵读。如："夏至入头九，羽扇握在手；二九一十八，脱冠着罗纱；三九二十七，出门汗欲滴；四九三十六，卷席露天宿；五九四十五，炎秋似老虎；六九五十四，乘凉进庙祠；七九六十三，床头摸被单；八九七十二，子夜寻棉被；九九八十一，开柜拿棉衣。"《夏至数九歌》为《冬至数九歌》找回了"孪生兄妹"，增添了人们的阅读兴趣。类似于《夏至数九歌》的内容书中俯拾即是。

此书内容丰富，还特别适合农民朋友阅读。书中每一个节气都对应着对农业生产的指导和帮助。如对霜冻的解释十分浅显易懂："气象学一般把秋季出现的第一次霜叫'初霜'，而把春季出现的最后一次霜称为'终霜'，从终霜到初霜之间的时期就是无霜期。"书中对于无霜期的解释十分明晰，同时对霜冻的形成和预防也做了详尽的诠解，农民朋友可根据这些信息进行积极的霜冻防御。

此书妙趣横生，也特别适合中小学生们阅读。如"火轮渐近暑徘徊，一夜生阴夏九来。知了不知耕种苦，坐闲枝上唱开怀"。同学们在暑夏可以坐在大树下，一边阅读，一边听知了欢唱，从中体会诗词的韵味融入生活中的乐趣，妙不可言。

范秀平女士不惮辛苦，稽古钩沉，查阅了大量历史资料，将所学的气象知识与平日的文化积淀有机地结合起来，使得一些历史名人及其诗作鲜活地融于二十四节气之内，撰集此稿。我不敢说此书会让您爱不释手，但我相信它一定会让您受益匪浅。

原山西省气象办公室调研员　李国英

2019.01

前言

春雨惊春清谷天，夏满芒夏暑相连，

秋处露秋寒霜降，冬雪雪冬小大寒。

每月两节不变更，最多相差一两天，

上半年来六、廿一，下半年是八、廿三。

翻开商务印书馆出版的《新华字典》附录，你一定会对这首《二十四节气歌》倍感亲切。近半个世纪以来，成千上万的人通过《新华字典》这个媒介，看到、熟记并背诵这首二十四节气歌。老人们从中回忆自己曾经走过的春夏秋冬，孩子们用稚嫩的声音将中华大地这一认识自然的智慧结晶传诵至今。

8句，56个字，简单明了，朗朗上口，却涵盖了每个节气名称并道出了它们每年大约出现的时间。跨过时间的长河，我们将目光追溯到春秋战国时期，细心观察并勇于探索的先知用“土圭”测日影的办法率先确定出了冬至、夏至、春分、秋分四个节气。观察从不曾懈怠，探索也永没有停止，斗转星移，那镌在岩石上、刻在竹简上的笔记见证着先人们付出的汗水，口口相传的谚语伴随着日影变化渗透在每个华夏人的骨血里。太阳如何运动？地球发生什么变化？风来鸟去、树荣草枯，我们的古人先贤根据太阳在黄道上的位置变化和相应的地面气候演变次序，“五日为候，三候为气，六气为时，四时为岁，每岁二十四节气，七十二候应”，将全年平分为二十四等份，创造性地建立起二十四节气这一时间认知体系。

二十四节气是古人历经千年长期观测天气气候并结合生产生活经验总结出的雨热气候规律，是先民们认识世界、认识自然的智慧产物。作为认知气象的“活化石”，二十四节气被誉为“中国的第五大发明”，它所涉及的范围不仅限于地球与太阳的相互运动，而且广泛纳入季节、气候、物候等自然现象的变化，并在不同的地方沿袭发展出适宜当地的农谚、饮食、养生、风俗等。

尽管随着科学技术的发展，设施农业、大棚蔬果等的出现让我们的生产生活不再完全受制于节气时令，同时在区域和全球气候变暖的大背景下，二十四节气的适用性也发生了许多变化，但在当前，我国大范围的雨热变化规律依旧没变，大气环流特点依然没变，大田农业生产还是以利用自然为前提。因此，二十四节气对我们当前的生产生活还发挥着基础的指导作用，许多农谚依旧是我们休养生息的重要坐标。打造“山水林田湖草人”的生命共同体，开展生态环境建设、生态修复工作依然需要从二十四节气中汲取智慧。气象、农林牧渔等行业的发展依然需要我们总结千百年来中华大地的气象规律，研究过去的气候特征。

二十四节气作为一项被世界认可的中华文化遗产，它不仅包含着中国人的美好记忆，蕴含着人与自然的和谐相处，更向世人展示着由此发展而来的传统时间知识体系和社会实践带给中华民族的福祉。我们愿将二十四节气里蕴含的故事、浪漫的传说、诗意的美一一呈现在您的面前。

目录

序言

前言

001 春回大地，万物复苏——二十四节气之立春

005 春风化雨雨水来——二十四节气之雨水

009 唤醒春的耳朵——二十四节气之惊蛰

013 春分春来踏春去——二十四节气之春分

017 清明时节雨纷纷？——二十四节气之清明

021 雨生百谷——二十四节气之谷雨

025 春争日，夏争时——二十四节气之立夏

031 情满意满话小满——二十四节气之小满

035 芒种，忙种——二十四节气之芒种

041 但惜夏日长——二十四节气之夏至

047 小暑已来，安然度夏——二十四节气之小暑

053 大暑已入伏，何以销烦暑？——二十四节气之大暑

057　立秋未出伏，留意“秋老虎”——二十四节气之立秋

061　处暑已来到，秋雨送秋凉——二十四节气之处暑

065　露从今夜白，月是故乡明——二十四节气之白露

069　平分秋色话秋分——二十四节气之秋分

073　寒露寒露，遍地冷露——二十四节气之寒露

077　霜降霜降，是否真的从天而降？——二十四节气之霜降

081　秋收冬藏说立冬——二十四节气之立冬

085　飞花如絮迎小雪——二十四节气之小雪

091　大雪节气雪纷纷？——二十四节气之大雪

095　“数九”的歌儿唱起来——二十四节气之冬至

101　莹莹雪花迎小寒——二十四节气之小寒

107　大寒已至，春还远吗？——二十四节气之大寒

春回大地，万物复苏

——二十四节气之立春

立春

宋 王镃

泥牛鞭散六街尘，
生菜挑来叶叶春。
从此雪消风自软，
梅花合让柳条新。

宋代王镃的《立春》是否已经让您感受到了柔美的春意？“五九、六九沿河看柳”，每年2月3日、4日或5日，当太阳到达黄经315°时，便进入立春节气。

立春的“立”表示开始，“春”表示季节，故立春有“春之节气已开始”之意。《月令七十二候集解》中如此解说：“立春，正月节。立，建始也……于此而春木之气始至，故谓之立也，立夏秋冬同。”古人将立春分为三候：“一候东风解冻；二候蜇虫始振；三候鱼陟（zhì）负冰。”意思是，立春节气东风送暖，大地开始解冻；5天之后，蛰居的虫类慢慢在洞中苏醒；再过5天，河里的冰开始融化，鱼开始到水面上游动，此时水面上还有未完全融解的碎冰，它们如同被鱼背着一样浮在水面。

立春是反映季节变化的一个节气，它的到来标志着寒冬即将过去，气温逐渐回升，日照逐渐增多，春季即将来临。但是立春节气与气象学中的春季还是有很大差别的。气象学将连续5天日平均气温稳定在10 ℃以上作为春季的开始，但在立春到来时，我国仅有不到10%的地方进入气象学意义上的春天。

立春过后，人们开始筹备农具、种子、化肥等，准备春耕。田间管理、保暖施肥、预防“倒春寒”、防治病虫害等需要一一做到位。随着气温逐渐回升，北方的冬小麦陆续进入返青、起身和拔节期，要因苗制宜，及时碾压、中耕，促进冬小麦根系发育，使旺苗转壮苗；及时浇灌追肥，注意收听、收看天气预报，遇到降温天气，应提前灌水、施放烟雾等预防“倒春寒”带来灾害。果园的农事也逐渐忙碌起来，需要及时施肥和整形修剪；南方某些品种的果树已经进入幼果期，需要根据品种、树势强弱来确定留果量。同时也需做好牲畜禽类栏舍保暖和胃肠道疾病预防，大棚蔬菜的保温防冻、通风透气、病虫害防治等工作。

自周代起，立春日迎春就是先民们进行的一项重要活动，也是历代帝王和庶民都要参加的迎春庆贺礼仪。此外，民间还有抢春、

咬春、踏春、鞭春牛等习俗。咬春是指立春日吃春盘、吃春饼、吃春卷、嚼萝卜等。“春日春盘细生菜，忽忆两京梅发时”，人们用蔬菜、水果、饼饵等装盘馈送亲友或自食，称为“春盘”。北方吃春饼、南方吃春卷，都寄托着人们对春天万物复苏的希望。鞭春牛（用泥土塑造的一个牛状物）这一习俗颇为有趣。立春当日，人们举行隆重的“打牛”仪式，并认为把土牛打得越碎越好，“泥牛鞭散六街尘”，以示人们对春天的热爱。随后，人们欢笑着抢泥牛的土块带回家放入牲圈，象征槽头兴旺。

随着立春的到来，人们明显地感觉到白天渐长，也暖和多了。“律回岁晚冰霜少，春到人间草木知”，嫩黄的柳芽苞、柔绿的小草尖，正等待着“春风吹又生”，也期待人们去踏春、赏春……

春风化雨雨水来

——二十四节气之雨水

春夜喜雨

唐 杜甫

好雨知时节，当春乃发生。
随风潜入夜，润物细无声。
野径云俱黑，江船火独明。
晓看红湿处，花重锦官城。

立春过后，我们就迎来了雨水节气。雨水出现在每年的2月18日、19日或20日，太阳到达黄经330° 时，进入雨水节气。这个时期，太阳的直射点由南半球逐渐向赤道靠近，北半球的日照时数和太阳辐射强度都在增加。同时，来自海洋的暖湿气流也开始活跃，渐渐向北挺进，而冷空气在减弱的趋势中并不甘示弱，这样冷暖交锋，便会形成降雨，滋润地面。雨水是反映降水现象的节气，雨水节气的到来，一则意味着天气回暖、降水量逐渐增多；二则在降水形式上，雪渐少了，雨渐多了。

古人将雨水分为三候，分别是："一候獭祭鱼；二候候雁北；三候草木萌动。"意思是，雨水节气来临，水面冰块融化，水獭开始捕鱼了。水獭喜欢把鱼咬死后放到岸边依次排列，像是祭祀一般，所以有了"獭祭鱼"之说。5天后，大雁开始从南方飞回北方。再过5天，在"润物细无声"的春雨中，草木开始抽出嫩芽，大地开始呈现出一派欣欣向荣的景象。

雨水不仅表征降雨的开始及雨量的增多，而且表示气温的升高。雨水节气之后，我国大部分地区气温回升到 0 ℃以上，人们

明显感到春回大地。那是不是到了雨水时节，我们就能全面迎来温暖的春天呢？其实不然。这个时节天气变化不定，冷空气活动仍很频繁。再加上积雪融化，需要吸收大量热量，同时阴雨天增多，大地“沐浴”阳光的时间变少了，气温回升就会减速。而且雨水节气降雪减少，并不意味着降雪完全停止。古有谚语“三月还有桃花雪”，意思是，到农历三月还有可能下雪。所以，这时候的您先别忙着脱下厚厚的棉衣，“春捂”一下，同时要好好锻炼身体，并保持情绪的稳定。

在雨水节气的15天里，“七九河开，八九雁来，九九加一九，耕牛遍地走”。 在我国除了西北、东北等高寒地区外，广大农村开始呈现出一派春耕的繁忙景象。雨水节气的降水量虽然比立春增加了约 20%，但仍然是“南多北少”，北方多地的降水量均在10 毫米以下。而此时正是越冬作物返青长身体的时候，真可谓“春雨贵如油”，因而遇有春旱应适时开展春灌工作。

雨水节气期间，土壤中的水分不断上升，凝聚在土壤表层，夜冻日融，且早晨时有露、霜出现。因而应起居有常、劳逸结合，饮食调养上注意食物的清洁与保鲜，尽量喝温水，少吃生冷黏杂食物，多吃新鲜蔬菜、多汁水果。

古人喜欢用花的历程来记录岁月，从小寒到谷雨，创造了始于梅花，终于楝（liàn）花的二十四番花信风。雨水节气的花信为：一候菜花，二候杏花，三候李花。菜花即油菜花，每年从1月到8月，随着太阳直射点的移动，油菜花从南到北次第盛开，如金色海洋般壮丽优美。而二十四节气中以油菜花作为花信的时间点，则是根据中原地区的物候特点来确定的。

最后，让我们一起来了解几条有关雨水节气的天气谚语："冷雨水，暖惊蛰；暖雨水，冷惊蛰；雨水东风起，伏天必有雨。"

唤醒春的耳朵

——二十四节气之惊蛰

观田家（节选）

唐 韦应物

微雨众卉新，
一雷惊蛰始。
田家几日闲，
耕种从此起。
……

伴随着唐代诗人韦应物的《观田家》，我们一起来了解一下惊蛰节气。

惊蛰，又称“启蛰”，出现在寸草春晖的盎然3月。每年3月5日、6日或7日，太阳到达黄经345°时，进入惊蛰节气。这个时

节，气温继续回升、天气日益变暖，雨水逐渐增多。越冬的虫类逐渐苏醒，树木开始发芽、春长，春播作物开始播种。“到了惊蛰节，锄头不停歇。”田间的农人从此不再有消闲时光。

古人将惊蛰分为三候：“一候桃始华；二候鸧鹒鸣；三候鹰化为鸠。”意思是，桃花竞相开放；鸧鹒就是黄鹂，在树间鸣叫；鸠即布谷鸟，在田间啼啭，一幅春暖花开、莺歌燕舞的画卷在我们的眼前展开。蛰伏在泥土中的各种昆虫也感受到地温的回暖而陆续复苏，过冬的虫卵也开始孵化。由此可见，惊蛰是反映自然物候现象的一个节气。

惊蛰节气天气转暖，渐有春雷。这是由于大地湿度逐渐升高，近地面热气上升或北上的湿热空气势力较强与活动频繁所致。我国民间有“惊蛰始雷”的说法，但从我国各地自然物候进程来看，由于南北跨度大，春雷始鸣的时间迟早不一。就多年平均而言，云南南部在1月底前后即可闻雷，而华北西北一般要到清明才有雷声。“惊蛰始雷”的说法仅与长江中下游地区的气候规律相吻合。

惊蛰虽然气温升高迅速，但是雨量增多却有限。这个时节，华北的冬小麦开始返青生长，土壤仍冻融交替，及时耙地是减少田间水分蒸发的重要措施。南方的油菜开始见花，需水较多，因此，春旱往往成为影响其产量的重要因素。惊蛰时节也是茶树、果树管理的一个非常重要的时期，及时进行修剪、追施“催芽肥”“花前肥”，是提高其产量的有效途径。“春雷惊百虫”“桃花开，猪瘟来”，气温回升、湿度加大也为病虫害的发生和蔓延提供了有利的气候条件，田间杂草也相继萌发，因此，要及时做好病虫害防治和家禽的防疫工作，同时进行中耕除草，做好田间管理工作。

我国民间在惊蛰日当天有很多有趣的民俗活动，如烙煎饼、吃炒豆、蒙鼓皮、祭白虎、吃梨等。“梨”和“离”谐音，古人认为，惊蛰吃梨可以让害虫远离庄稼，保全一年的好收成。因为惊蛰后天气明显变暖，人们容易口干舌燥，而梨性寒味甘，有润肺止咳、滋阴清热的功效，这时吃梨，恰好对身体也有很好的滋养作用。

人勤春来早，一刻值千金。无论是“走西口”者仿效吃梨取“离家创业”之意，还是人们仿效雷神蒙鼓皮以顺应天时，均表达出人们在这浓浓春意中大展宏图的愿望和决心。顺应节气而养生，顺应时代而变革，让我们自身的气血、情志、精神也如这春日一样舒展畅达，生机盎然！

春分春来踏春去

——二十四节气之春分

村居

清 高鼎

草长莺飞二月天，
拂堤杨柳醉春烟。
儿童散学归来早，
忙趁东风放纸鸢。

青草、黄莺、微风、杨柳……清代诗人高鼎的《村居》为人们展现出一幅春日的清新画面。

每年3月20日、21日或22日，太阳到达黄经0° 时，进入春分节气。这一天，太阳几乎直射赤道，因而昼夜平分。之后太阳的直射点逐渐北移，北半球将开启昼长夜短模式。春分时节，我国除青藏高原、东北、西北和华北北部地区外，都进入明媚的春天。

古人将春分分为三候："一候玄鸟至；二候雷乃发声；三候始电。" 玄鸟即燕子，春分过后，燕子便从南方飞回北方来了；随着气温升高，空气对流增强，下雨时常会伴有雷暴或闪电。

春分时节，气温回升较快，尤其是华北地区、黄淮平原等地，日平均气温陆续上升到10 ℃以上。杨柳青青、草长莺飞，小麦拔节、油菜花香，海棠、梨花、玉兰花竞相开放，出外踏青赏花的好时节到来了！但在天气回暖阶段也经常会有冷空气光顾，"天将小雨交春半，谁见枝头花历乱"，冷暖空气交锋，便会形成"倒春寒"天气，出现阴雨连绵的情形，人们会明显感觉到气温降低。所以，这一时期应时常关注天气预报、适时添加衣物。

春分时节，随着气温回升、土壤冻土层融化，农业生产也进入比较繁忙的时期，田野里呈现一片生机勃勃的景象。

春分时节，江南雨水迅速增多，但在我国东北、华北和西北地区依然"春雨贵如油"，因而抗旱春灌仍然是这些地区重要的田间管理工作。冬小麦宜浇好"拔节水"，施好"拔节肥"，预防春旱和冻害。春分时节也是移花接木、植树造林的好时节，约三五好友或集体组织上山植树，既锻炼身体，又可赏春光，一举两得。

气温的回升也为各种病菌的滋生繁殖和传播提供了温床，同时，这样的天气特点也很容易让人感到困倦，民间称之为"春困”。因而生活中应注意经常开窗通风，平衡饮食，早睡早起，积极参加户外活动，增强体质。3月21日还是世界睡眠日，倡导公众规律作息，健康睡眠。

春分的民间习俗也有很多，如祭祖、踏青、吃野菜等。江南地区还流行犒劳耕牛、祭祀百鸟的习俗。以糯米团喂耕牛表示犒赏；祭祀百鸟，一则感谢它们提醒农时，二是希望鸟类不要啄食五谷，祈祷丰年。“春分到，蛋儿俏”，在每年的春分这一天，世界各地都会有数以万计的人在 “竖蛋”，这是个考验你的耐心和技巧的有趣活动，不妨一试。

清明时节雨纷纷？

——二十四节气之清明

清明

唐 杜牧

清明时节雨纷纷，
路上行人欲断魂。
借问酒家何处有，
牧童遥指杏花村。

说到清明，大多数人会不约而同地想到杜牧的这首《清明》。清明既是节气，又是节日，出现在每年的4月4日、5日或6日，这时，太阳到达黄经15°。古人将清明分为三候："一候桐始华；二候田鼠化为鴽（rú）；三候虹始见。"意思是，进入清明，桐花开始绽放；接着喜阴的田鼠回到了地下的洞中，鹌鹑之类的小鸟多了起来；三候时，由于降水增多，空气变得潮湿，能在雨后的天空看到彩虹了。

清明时节，天气转暖，草木萌动。我国除东北与西北地区外，其他多地日平均气温超过12 ℃。空气清新，阳光明媚，花红柳绿、鸟语花香，是踏青出游的好季节。黄河流域及以南的地区几乎不再下雪，因而有"清明断雪，谷雨断霜"的说法。

清明更是春耕春种的大好时机。"清明前后，种瓜点豆"，大江南北、长城内外，到处呈现一片春耕大忙的景象。这个时节气温升幅快、日照增多，雨水也比前期有所增加，但对于我国北方来说，面临更多的可能还是沙尘或扬沙天气。在这种干燥多风的日

子，还是要提示各位做好防风防晒措施。所以，杜牧的诗句“清明时节雨纷纷”更适合我国南方的春季，这个时期的江南雨日增多，天气时阴时晴，充沛的水分可满足作物生长的需求。故有农谚：“清明前后一场雨，胜似秀才中了举。”

但在清明前后，仍然会有冷空气入侵，造成降温甚至强降温天气，对南方水稻的播种栽插、北方果树的开花都会有影响。因此，要及时关注天气预报、提早防范降温产生的影响，北方牧民更要严防强降温天气对老弱幼畜的危害。

清明时节的习俗很多，有踏青、插柳、荡秋千、放风筝、蹴鞠等。清明也是重要的祭祀节日，人们纷纷携带酒食果品、纸钱等物品到墓地祭奠故去的亲人，为坟墓培上新土，再折几根柳枝或几簇麦苗插在坟上，同时，将柳枝麦苗插在自家门上，意为驱虫。2006年，清明节被列入我国第一批“国家级非物质文化遗产”，并在2008年重新成为我国的法定节假日。

清明，既有祭扫新坟、怀念亲人的悲痛，又有踏青游玩、爬山赏春的欢笑，这就是清明，一个极具特色的节日节气。

雨生百谷

——二十四节气之谷雨

谷雨

左河水

雨频霜断气清和，
柳绿茶香燕弄梭。
布谷啼播春暮日，
栽插种管事诸多。

当代诗人左河水的《谷雨》既道出了谷雨节气的天气特点，又描绘出春花春鸟春耕的蓬勃热闹景象。每年4月19日、20日或21日，太阳到达黄经30° 时，进入谷雨节气。谷雨节气的到来意味着寒潮天气基本结束，气温回升加快，这个时节的天气非常适宜谷类作物的生长，同时也是播种移苗、埯（ǎn）瓜点豆的最佳时节。

谷雨花信风为一候牡丹，二候荼蘼，三候楝花。到了谷雨前后，呈现在我们眼前的便是百花盛开、万紫千红的五彩世界了。

古人将谷雨分为三候：“一候萍始生；二候鸣鸠拂其羽；三候戴胜降于桑。”意思是，谷雨后降雨量增多，浮萍开始生长；接着布谷鸟开始提醒人们播种；随后人们能在桑树上见到戴胜鸟了。

谷雨将谷和雨联系起来，是二十四节气中反映降水现象的节气，蕴涵着“雨生百谷”之意。谷雨时节正是越冬作物冬小麦抽穗扬花期，也是春播作物玉米、棉花的幼苗期，这些作物都需要充沛的雨水来促进其生长发育。在长江中下游地区，正值早稻大田移栽返青、中稻播种育秧期，对水的需求也很大，故天气谚语有“谷雨要淋”之说。但在西北、华北等地区，却经常遭遇“谷雨缺雨”的

局面。因为这个时期气温高、蒸发大，导致土壤干燥疏松，还常伴有大范围浮尘或扬沙天气，所以不失时机地开展人工增雨作业或是节水灌溉都是当务之急。

进入谷雨节气，强对流天气也会逐渐增多，平日应及早储备防雷、防雹、防风等应急避险知识，收到相关预警信息，应及时采取措施。正如世界气象组织秘书长在2018年世界气象日致辞中讲到的：人们应参与到早期预警系统中来，认识风险，并接受风险教育，使备灾成为一种常态。

谷雨节气后，由于降雨增多，空气湿度逐渐加大，应针对其气候特点进行调养。同时，由于温度升高，北方多地的杨絮、柳絮四处飞扬，过敏体质的朋友应注意预防花粉症及过敏性鼻炎等，如外出佩戴口罩，适当减少户外活动，远离花粉等过敏源。

谷雨节气的民间习俗也不少。陕西白水县有谷雨节迎“仓圣”进庙祭奠仪式，缅怀和祭祀文字始祖仓颉。人们扭秧歌，跑竹马，演大戏，表达对“仓圣”的崇敬和怀念。谷雨前后也是牡丹花开的重要时段，有“谷雨三朝看牡丹”之说。山东、河南等地常于谷雨时节举行牡丹花会供人们观赏游乐。北方有在谷雨食香椿的习俗，谷雨前后的香椿醇香爽口、营养价值高，有“雨前香椿嫩如丝”之说。南方历来有喝“谷雨茶”的习俗，有“二月山家谷雨天，半坡芳茗露华鲜”“正好清明连谷雨，一杯香茗坐其间”等诗句为证。

谷雨节气也有不少天气谚语，如“谷雨阴沉沉，立夏雨淋淋”“谷雨麦挑旗，立夏麦头齐”等。您也可以关注当地物候和天气变化，验证这些谚语是否适合本地。

春争日，夏争时

——二十四节气之立夏

闲居初夏午睡起

宋 杨万里

梅子留酸软齿牙，
芭蕉分绿与窗纱。
日长睡起无情思，
闲看儿童捉柳花。

宋代诗人杨万里的《闲居初夏午睡起》将梅子、芭蕉、柳花与软、绿、捉三个字连在一起，给人们描绘出初夏时节梅子酸、芭蕉绿、柳花飞等时令景象，同时也使人们对诗人在初夏时节闲居乡野，笑看儿童扑捉柳絮的悠然心境感同身受。每年5月5日、6日或7日，太阳到达黄经45°时，进入立夏节气。

古人将立夏分为三候："一候蝼蝈鸣；二候蚯蚓出；三候王瓜生。"意思是，进入立夏节气，可以听到蝼蝈在田间鸣叫（一说是蛙声）；再过5天，便可看到蚯蚓在地上掘土；之后，王瓜的蔓藤开始快速攀爬生长。

立夏是反映季节变化的一个节气，古人常将立夏作为四季之夏的开始，但在气象学上，是将连续5天的日平均气温稳定在22 ℃以上作为入夏的标志。按照这样的标准，立夏这天，我国只有海南、广东、广西和云南南部一些地区进入夏季，全国大部分地区平均气温还在18～20 ℃，仍处在春季里。

这个时节，华北、西北等地气温虽然回升很快，但依然干燥多风、降水稀少、蒸发强烈，尤其是小麦灌浆、乳熟期前后的干热风更是导致其减产的重要灾害性天气，适时进行田间灌溉是抗旱防灾的关键措施。

立夏时节，万物繁茂。农作物进入一个旺盛生长阶段，夏收作物冬小麦、油菜等，年景基本成定局，故农谚有“立夏看夏”之说。同时，杂草生长也很迅速，“立夏三天遍地锄”，可见中耕锄草不可怠慢。去除杂草，既抗旱防渍，又能提高地温，加速土壤养分分解，对促进棉花、玉米、高粱、花生等作物健壮生长有十分重要的意义。

“南国似暑北国春，绿秀江淮万木荫。时病时虫人撒药，忽寒忽热药缠人。”当代诗人左河水的《立夏》提示人们，进入立夏时节后，不可忽视人畜以及作物病虫害防治。这一时期，不仅我国南北方的气温差异较大，即便同一地区早晚气温也波动频繁，所以早晚应注意添加衣物，同时要适当午睡，以保证精神充沛。立夏后，天气逐渐炎热，人们的生理状态也会发生一定的改变，建议选择一些相对平和的活动，如散步、慢跑、绘画、钓鱼等以静养心志，保持情绪安定平和。

初夏时节，发生强对流天气以及雷击灾害的概率增多，因此提前储备防范雷阵雨及雷击灾害知识尤为重要。遇到雷阵雨天气，尽量不要使用电脑和有外接天线的收音机、电视机等，另外，对一些办公室电器设备也应做好防雷保护工作。

立夏是我国古代的重要节日，很多风俗习惯自古传承。古时在立夏的这一天，帝王要率文武百官到京城南郊去迎夏，举行迎夏仪式。君臣一律穿朱色礼服，配朱色玉佩，连马匹、车旗都要朱红色的，以表达对丰收的企求和美好的愿望。宫廷里“立夏日启冰，赐文武大臣”。冰是上年冬天贮藏的，由皇帝赐给百官。近代民间则有尝新和称人之习，此日人们把将熟之小麦、大麦穗在火上烤熟吃，以享新麦之鲜；或用秤称人之轻重以祈福。

情满意满话小满

——二十四节气之小满

归田四时乐春夏二首

（其二，节选）

宋 欧阳修

南风原头吹百草，
草木丛深茅舍小。
麦穗初齐稚子娇，
桑叶正肥蚕食饱。
……

这是宋代欧阳修描写小满时节农家生活情状的诗句。

每年的5月20日、21日或22日，太阳到达黄经60°时，进入小满节气。古人将小满分为三候：“一候苦菜秀；二候靡草死；三候麦秋至。”意思是，到了小满节气，苦菜已经枝叶繁茂；而一些喜阴的草类植物因不堪阳光的强烈照射已经日渐枯萎；此时麦子等夏熟作物籽粒开始饱满。但在小满节气，这些作物还没有成熟，相当于乳熟后期，因而只是“小满”，还未“大满”。

小满时节夏收作物逐渐结果，夏收、夏种、夏管，“三夏大忙”的序幕拉开，田间劳作开始繁忙，对于我们这个农业大国来说，小满时节还寄托着老百姓一种丰收在望的喜悦与期盼。北方的广袤田野，嫩绿的麦穗已经抽齐，夏风掠过，麦浪此起彼伏，好似对辛勤的劳动者报以嘉奖和敬佩。但心怀希望的同时一定要加强麦

田虫害的防治，预防干热风和雷雨大风的袭击。黄河中下游地区流传着 “小满不满，麦有一险”的说法，这“一险”指的就是干热风。这种高热、低湿的风一般持续时间较短（一般3天左右），但却会对作物造成很大的伤害。高温、干旱、强风如同三方恶魔合体一般迫使空气和土壤蒸发量增大、作物体内水分迅速消耗，使得作物由下至上很快青枯干死，造成提前“枯熟”，粒重下降。

小满时节，樱桃红、芭蕉绿、桑叶肥、蚕茧白。南方地区的农谚对小满节气赋予新的寓意：“小满不满，干断田坎”“小满不满，芒种不管”，其中的“满”和“不满”表示雨水的盈缺。因为小满节气正处于南方水稻栽插的季节，这两句谚语的意思是，小满时如果田里蓄不满水，就可能造成田坎干裂，甚至芒种时也无法栽插水稻。因此，小满时节既要注意蓄水防旱，又要抓紧时间抢收抢栽。

小满过后，天气逐渐炎热起来，全国各地渐次进入夏季，南北温差进一步缩小，降水进一步增多。黄河以南到长江中下游地区开始出现35 ℃以上的高温天气，户外工作应注意防暑降温。

“小满山川寻苦菜，消炎解毒疗糖肝。采来开水烫凉拌，最宜脾虚与胃寒。”小满前后，荒滩野岭苦菜遍地，天热吃“苦”，胜似进补。这也正契合了这个时节依据“防热防湿”调节饮食的要点，同时要注意避免过量进食生冷食物，保持心情舒畅。

小满节气的习俗也有不少，如我国江浙一带，在小满时举行以村圩为单位的“抢水”仪式，在车水前以鱼肉、香烛等祭拜车神，表达出当地农民对水利排灌的重视。

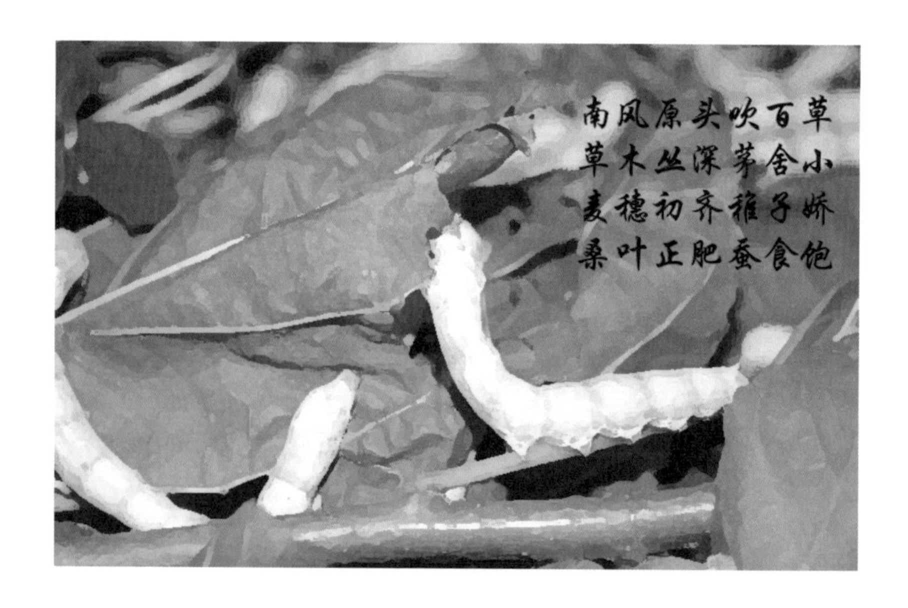

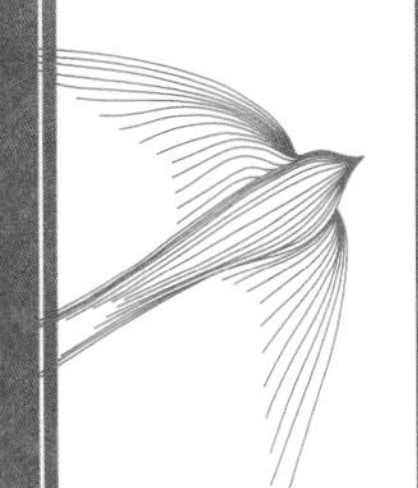

芒种，忙种

——二十四节气之芒种

时雨

宋 陆游

时雨及芒种，四野皆插秧。
家家麦饭美，处处菱歌长。
老我成惰农，永日付竹床。
衰发短不栉，爱此一雨凉。

每年6月5日、6日或7日，太阳到达黄经75°时，进入芒种节气。“芒”指大麦、小麦等有芒作物逐渐成熟，即将收割；“种”既表示大麦、小麦收获后可以从中筛选出种子，又包含谷黍类等秋收作物开始播种之意。

古人将芒种分为三候：“一候螳螂生；二候鵙（jú，指伯劳鸟）始鸣；三候反舌无声。”意思是，芒种节气时，上一年深秋的螳螂卵此时破壳生出小螳螂；喜阴的伯劳鸟开始在枝头出现，并且感应到阴气而鸣叫；与此相反，能够学习其他鸟鸣叫的反舌鸟，却因感应到阴气而停止鸣叫。

芒种是反映农业物候现象的节气，是二十四节气当中唯一一个既包含收获又包含播种的节气。华北地区“收麦种豆不让晌”，长江流域“栽秧割麦两头忙”，我国大部分地区的农业生产正处于夏收、夏种、夏管的大忙季节。收、种、管交叉，真可谓“忙种”！

“收麦如救火，龙口把粮夺。”随着芒种节气的到来，“晋南粮仓”山西运城、临汾等地小麦开镰收割，农民们将日夜奋战在小麦抢收前线。如今机械化收割已使人们免受大汗淋漓和芒刺之苦，但小麦成熟期短，收获的时间性强，仍须抓紧一切有利时机，抢割、抢运、抢脱粒，确保颗粒归仓。

芒种时节，为保证夏玉米、夏大豆等夏播作物在秋霜前收获，应尽早播种栽插，播种期以麦收后越早越好，以保证入秋前有足够的生长期。芒种节气之后雨水渐多，气温渐高，棉花、春玉米等春种的庄稼已进入需水需肥与生长高峰期，不仅要追肥补水，还需除草和防病治虫，同时还需加强茄瓜豆类蔬菜的田间管理和禽畜夏季的防疫工作。

芒种时节雨量充沛、气温显著升高，各种天气灾害随之而来，如冰雹、大风、暴雨等，提醒大家随时关注气象部门发布的预警信息，提前做好防灾准备。这个时期，人们往往出汗较多，因此，应及时补水，避免脱水甚至中暑；饮食应以清淡易消化、富含维生素的食物为主；要注意增强体质，避免季节性疾病和传染病的发生，同时应顺应昼长夜短的季节特点，晚睡早起，适时午休，有意识地进行精神调养，保持轻松愉快的心情。参加高考的孩子们也应注意防暑降温，防止中暑和情绪焦虑，调整好自己的身心状态。

芒种与农事紧密相关，所以芒种节气在农村很受重视，主要习俗有安苗、送花神、打泥巴仗、煮梅等。芒种前后，长江中下游一带持续阴雨，空气潮湿，天气闷热，各种物品容易发霉，人们称这段时期为“霉雨”季节。又因此时正值黄梅成熟之时，故“霉雨”又称作“梅雨”。但黄梅酸涩，不便直接入口，需加工后方可食用，所以农家有芒种煮梅食用的习俗。芒种过后，花多凋谢，花神退位，民间多在芒种日举行祭祀花神的仪式，饯送花神归位，同时也表达了人们对花神的感激之情，盼望来年再次相会。

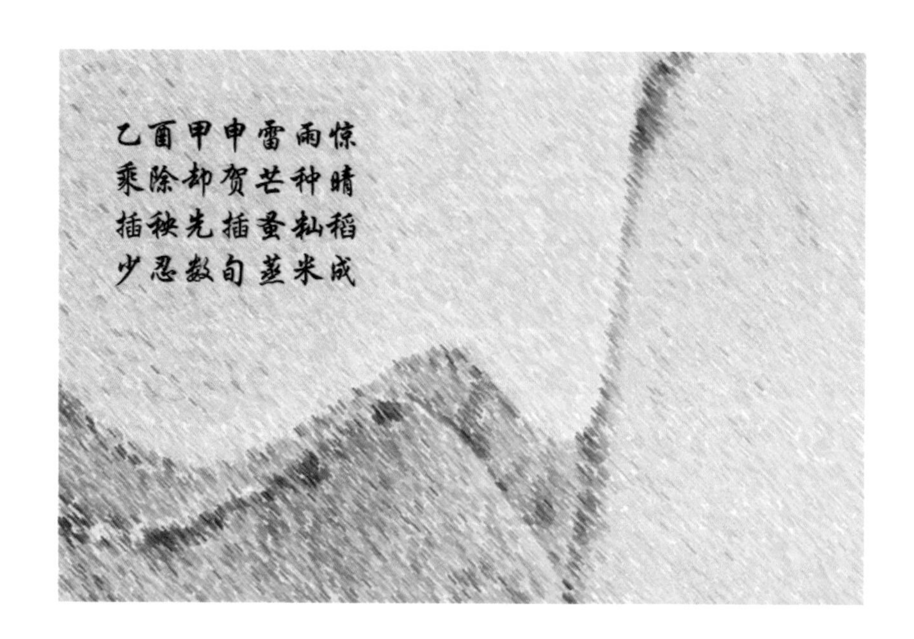

古来文人墨客对芒种多有描述，如陆游《时雨》中的“时雨及芒种，四野皆插秧。家家麦饭美，处处菱歌长”，清代学者洪亮吉《伊犁记事诗》中的“芒种才过雪不霁，伊犁河外草初肥。生驹步步行难稳，恐有蛇从鼻观飞”，宋代诗人范成大《梅雨五绝》中的“乙酉甲申雷雨惊，乘除却贺芒种晴。插秧先插蚤籼稻，少忍数旬蒸米成”，从中也可以看出芒种时节南北方不同区域在气候、农事等方面的差异。

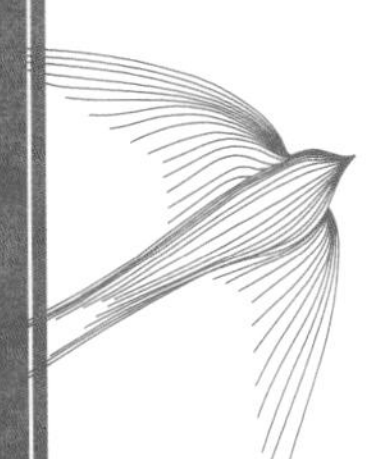

但惜夏日长

——二十四节气之夏至

夏至避暑北池（节选）

唐 韦应物

昼晷已云极，宵漏自此长。
未及施政教，所忧变炎凉。
公门日多暇，是月农稍忙。
高居念田里，苦热安可当。
……

唐代诗人韦应物的《夏至避暑北池》，第一句便是 “昼晷已云极，宵漏自此长”，而《恪遵宪度抄本》中记载：“日北至，日长之至，日影短至，故曰夏至。”看来，夏至的极致之处很早就被我们的祖先所感知。每年的6月21或22日，太阳到达黄经90° 时，进入夏至节气，这时太阳几乎直射北回归线，北半球的日照时间最长，而且越往北越长。例如，我国海南三亚这一天白天长度可达13小时，而黑龙江漠河日长则达17小时以上，南、北两地日长差达4个多小时。夏至之后，太阳直射点的位置逐渐南移，北半球白昼逐渐缩短，因此民间有“吃过夏至面，一天短一线”的说法。

北半球的夏至之日，正是是南极洲最重大的节日——仲冬节。此后，南极的黑夜将逐渐变短，仲冬节预示着一年中最黑暗、最难熬时期将过去，光明就在眼前了。也正是源于此，世界各国的南极考察队员约定俗成地在这天举行盛大的活动，欢庆“南极人”专有的节日。

古人将夏至分为三候：“一候鹿角解；二候蜩（指蝉）始鸣；三候半夏生。”在古人看来，鹿角朝前生，属阳性，夏至日阴气生而阳气始衰，所以阳性的鹿角便开始脱落；“蜩始鸣”指的是雄性的知了在夏至后因感阴气之生便鼓腹而鸣；“半夏”是一种喜阴的药草，在炎热的夏天开始生长。因此，诗人左河水如此写到：“火轮渐近暑徘徊，一夜生阴夏九来。知了不知耕种苦，坐闲枝上唱开怀。”

夏至的到来，意味着气温继续升高，天气将更加炎热，但是这个时节地表接收的太阳辐射仍然比地面向空中散发的辐射多，所以夏至并不是一年中天气最热的时节，大约再过二十多天进入伏天，人们才会更加真切地感受到什么叫“酷暑难耐”。

夏至以后地面受热强烈，空气对流旺盛，午后至傍晚常会出现积雨云形成雷阵雨甚至冰雹、大风等气象灾害。这种天气来去匆匆，却破坏力极强，常常出现在天气预报描述中的“局部地区”。人们常说“雹打一条线”“夏雨隔田坎”“东边日出西边雨”等，都形象地说明了这种对流天气的特点。由于这种天气系统局地性强、尺度小、发展非常迅速，而且持续时间短，因而是所有的天气类型中最难预报的。近年来，我国短时强降水落区预报、小时雨量强度预报准确率稳步提升，强对流天气预报也更加精细化。

夏至节气的降水很关键，对农业产量影响很大，有“夏至雨点值千金”的说法。这一时期，北方气温高，光照足，雨水增多，农作物生长旺盛，杂草、害虫迅速生长，需要加强田间管理。农谚说：“夏至棉田快锄草，不锄就如毒蛇咬。”此时，田间的劳动量比平时大很多。夏至时节正值长江中下游、江淮流域一带的“梅雨”季节，这些地区一般光照时间较短，雨水多、热量足，为当地农作物的生长创造出一个雨热同季的有利环境。但此时空气潮湿，冷、暖空气频繁交汇，容易形成洪涝灾害，因此,要注意加强防汛工作。

夏至是二十四节气中最早被确定的一个节气，民间有祭神祀祖，消夏避伏，吃面条、食粽子等多种习俗。有诗为证：“石鼎声中朝暮，纸窗影下寒温。踰（yú，同逾）年不与庙祭，敢云孝子慈孙。”“李核垂腰祝饐（yì），粽丝系臂扶羸。节物竞随乡俗，老翁闲伴儿嬉。”范成大的这两首《夏至》描绘出夏至时节晚辈陪着长辈祭祀祖先，老辈伴着小辈竞随乡俗、嬉戏玩乐的安乐祥和景象。我国民间有“冬至馄饨夏至面”的说法，夏至时新麦已经收获，所以夏至食面也有“尝新”的意思。

夏季气温高，人体汗液分泌旺盛，同时，一些蚊虫繁殖速度也很快，因此，要防止传染病、肠道性疾病的发生和传播。除了注意消暑解渴外，情绪上也应尽量保持平静。“璿（xuán，指美玉）枢无停运，四序相错行。寄言赫曦景，今日一阴生”，唐代诗人权德舆的《夏至日作》告诉我们时序时时变化，万物代代不同，不因外物所撼动，内心自然平静。

与《冬至数九歌》类似，我国民间也流传着不同版本的《夏至数九歌》，如：夏至入头九，羽扇握在手；二九一十八，脱冠着罗纱；三九二十七，出门汗欲滴；四九三十六，卷席露天宿；五九四十五，炎秋似老虎；六九五十四，乘凉进庙祠；七九六十三，床头摸被单；八九七十二，子夜寻棉被；九九八十一，开柜拿棉衣。

作息规律、起居有常，夏至来了，祝愿您顺心安康！

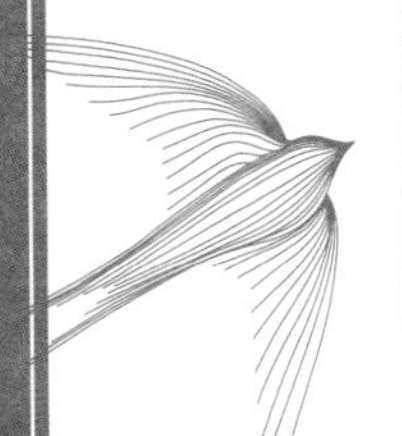

小暑已来，安然度夏

——二十四节气之小暑

小暑六月节

唐 元稹

倏忽温风至，
因循小暑来。
竹喧先觉雨，
山暗已闻雷。

暖暖的热风循着小暑节气到来，竹子的喧哗声预示着大雨即将来临，山色灰暗，远处传来轰隆隆的雷声。唐代诗人元稹的《小暑六月节》是否已经让您感受到小暑节气的天气特点了？

每年7月6日、7日或8日，太阳到达黄经105°时，进入小暑节气。古人将小暑分为三候："一候温风至；二候蟋蟀居壁；三候鹰始鸷。"意思是，到了小暑节气，地面上即便刮风，人也感受不到凉意，而似热浪席卷；随着天气越来越热，连蟋蟀都离开田野寻觅庭院的阴凉角落避暑；老鹰因近地面气温太高而在清凉的高空中活动，也有解释说是老鹰一类的猛禽感受到地面阴气，因而飞上高空为捕获猎物苦练本领。

小暑过后，人们可以明显感觉到气温在日日攀升。《月令七十二候集解》云："六月节……暑，热也，就热之中分为大小，月初为小，月中为大，今则热气犹小也。"可见小暑其实还不是一年中最热的时候，故古人称其为小暑。也有节气歌谣说：

“小暑不算热，大暑三伏天。”指出一年中最热的时期已经到来，但还没有达到极热的程度。

小暑开始，出梅入伏，江淮流域梅雨先后结束，秦岭淮河以北地区开始了来自太平洋的东南季风雨季，降水明显增加，且雨量比较集中；华南、西南、青藏高原等地区也处于来自印度洋和我国南海的西南季风雨季中；而长江中下游地区则一般为副热带高压控制下的高温少雨天气，这时期出现的伏旱对农业生产影响很大，及早蓄水防旱十分重要。农谚说：“伏天的雨，锅里的米。”这时热带风暴或台风带来的降水虽然对水稻等作物生长十分有利，但有时也

会给棉花、大豆等旱作物及蔬菜造成不利影响。

小暑节气的天气也有不按常规套路出牌的时候，有的年份小暑前后北方冷空气势力仍然较强，在长江中下游地区与南方暖空气势均力敌，出现锋面雷雨。“小暑一声雷，倒转做黄梅”，小暑时节的雷雨常常是“倒黄梅”的天气信息，预示着雨带还会在长江中下游维持一段时间。

小暑时节，我国多地的农作物都进入了旺盛生长阶段，早稻、

春玉米等作物处于灌浆乳熟期，是籽粒形成的关键时期。棉花已经开始开花结铃，进入生长最为旺盛的时期，民间有“尽管小暑天气热，棉花整枝不能歇”的农谚。可见田间管理在这一时期非常重要。左河水诗云“地煮天蒸盼雨风，偶得雷暴半圆虹。旱南涝北分天壤，却有荷塘色味同”，说明南北地域不同、在小暑节气遭遇的天气不同，因而田间管理的方式方法也要因地制宜，及早分别采取抗旱和防洪措施。

再者，这个时期在地势起伏较大的地方常会有山洪暴发，甚至引发泥石流，同时还要注意雷暴天气带来的灾害，注意防范冰雹、大风等。

民间小暑有食新、吃饺子、吃炒面、晒书画衣物等习俗。同时，这个时期昼长夜短、天气闷热，容易让人产生烦躁不安的情绪，因此，进行适当的自我心理和生理调节很有必要，应生活规律，饮食清淡，及时补水，预防中暑，平心静气，安然度夏。

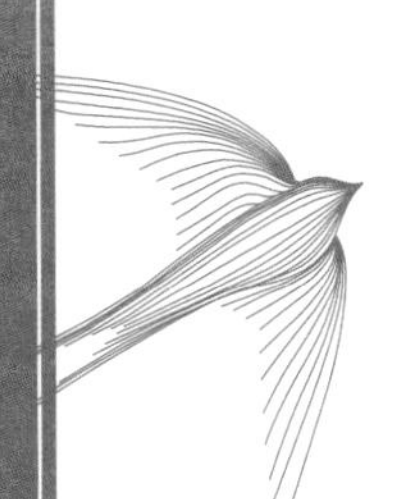

大暑已入伏，何以销烦暑？

——二十四节气之大暑

大 暑（节选）

宋 曾几

赤日几时过，
清风无处寻。
经书聊枕籍，
瓜李漫浮沉。
……

大暑当是一年之中最炎热的节气。每年7月22日、23日或24日，太阳到达黄经120° 时，进入大暑节气。古人将大暑分为三候：“一候腐草为萤；二候土润溽暑；三候大雨时行。”意思是，进入大暑时节，萤火虫孵化而出，成群结队地在夜间飞行；这个时候的天气也变得更加闷热潮湿；并且时常会有大的雷雨出现。

大暑与小暑一样，都是反映夏季炎热程度的节气，《月令七十二候集解》云：“六月中，……暑，热也，就热之中分为大小，月初为小，月中为大，今则热气犹大也。” 进入大暑节气后，我国大部分地区都处于高温天气之中，气温高、湿度大，人的心气也最容易耗损，因此，这个节气的养生显得尤为重要。“何以销烦暑，端居一院中。眼前无长物，窗下有清风。热散由心静，凉生为室空。此时身自得，难更与人同。”白居易的《销夏》为人们提供了一剂避免“情绪中暑”的良方。当然，除此以外，我们还需摄入充足的蛋白质、适当增加清热解暑的食物、多饮温开水或绿豆汤，

同时要科学运筹作息时间，尽量避免在烈日之下户外劳作。另外，有意识地调整情绪、适当运动，保持心绪安宁尤为重要。

大暑时节也是农作物生长最快的时期，这个时候，水分蒸发快，旱、涝、风灾也频繁，所以田间管理任务很重。农民朋友既要有针对性地加强农作物的病虫害防治，又要视作物长势进行水肥管理。此时夏玉米一般已拔节孕穗，是产量形成的关键时期，要严防“卡脖旱”的发生。棉花也进入需水高峰期，必须加强灌溉，但是千万不可在中午高温时段进行，以免土壤温度变化过于剧烈而加重蕾铃脱落。瓜果蔬菜也要加强病虫害和病毒的防治、合理灌水浇园，减少烂根、裂果等现象发生。当然，伏天如果遇上连阴雨天气，就会变得凉爽一些，民间有“六月连阴吃饱饭”之说，指的是，如果阴历六月雨水充沛，秋庄稼就会有大收成。

大暑时节对山西等地而言，“七下八上”（七月下旬到八月上旬）正是防汛的关键期。若外出突遇暴雨或短时强降水，一定要提高安全意识，在乌云压顶、暴雨来临前及早选择地势较高的地方避雨，直到暴雨结束方可离开。如果路面积满雨水，有可能部分井盖被掀起，所以不要贸然涉水。同时避免与路灯杆、信号杆等含金属物体接触，不要在架空线、变压器、广告牌下避雨。开车的朋友切勿盲目驶进积水的路面。若车在积水中已经熄火，一定要密切留意水位，当水漫进车里，有继续上涨的势头时，必须迅速离开车辆，步行到地势较高的地方避险。

宋代曾几说“赤日几时过，清风无处寻。经书聊枕籍，瓜李漫浮沉。兰若（rě）静复静，茅茨深又深。炎蒸乃如许，那更惜分阴。”尽管大暑时的太阳十分毒辣，清风也无处寻觅。但作者更期望世人同他一样珍爱时间、爱惜光阴，即使在炎炎夏日也要有所作为。

立秋未出伏，留意『秋老虎』

——二十四节气之立秋

立秋

宋 刘翰

乳鸦啼散玉屏空，
一枕新凉一扇风。
睡起秋色无觅处，
满阶梧桐月明中。

每年的8月7日、8日或9日，太阳到达黄经135°时，进入立秋节气。古人将立秋分为三候："一候凉风至；二候白露生；三候寒蝉鸣。"意思是，过了立秋，刮风已不同于暑天中的热风，人们会

感觉到凉爽；二候时，大地上早晨会有雾气产生；再过5天，寒蝉则感阴而鸣。

“秋”字由“禾”与“火”字组成，有禾谷成熟的意思，“秋不凉，籽不黄”“立秋十天遍地黄”，可见立秋意味着一个收获时日的到来。立秋也表示暑去凉来，气温由升温转向降温。到了立秋，梧桐树开始落叶，因而有“一叶知秋”的成语，但这并不表示立秋后立刻就能秋高气爽，而且我国地域辽阔，各地也不可能在立秋这一天同时进入凉爽的秋季。气象学上，我们以连续5天平均气温低于22 ℃的始日作为秋季的开始，据此标准，我国除无夏区外，新疆北部和内蒙古地区入秋最早，一般在8月；而海南到11月底才入秋。

立秋之后，三伏天的“末伏”才开启（末伏从立秋后的第一个庚日算起），此时太阳高度角依然较大，地面从太阳那里获得的能量还很多，因而民间有“秋老虎”之说。“秋老虎”通常最早出现在8月底到9月初，最晚出现在9月中下旬到10月初。“秋老虎”发生时，高温持续、暑气难消，大家应密切关注天气预报，当心“秋老虎”，预防中暑。

另外，立秋后昼夜温差大，容易引起腹部和下肢着凉，很多人会出现口干咽燥、皮肤紧绷的现象，还有人会对空气中飘散的花粉过敏。一定要注意调节饮食，补充水分，增加维生素的摄入，适当选用滋养润燥、补中益气的食品；花粉过敏者应及时了解环境和天气预报，外出时做好防护。

立秋后，我国中部地区早稻收割，晚稻移栽，大秋作物（秋季收获的大田作物）进入重要的生长发育时期：玉米抽雄吐丝，棉花结铃，甘薯、马铃薯等薯块迅速膨大，对水分要求都很迫切，这时如果受旱会给农作物最终收成造成损失，所以有“立秋三场雨，秕稻变成米”“立秋雨淋淋，遍地是黄金”的说法。另外，这个时期光照充足，有利于农作物营养物质的积累和产量的形成，因此，必须抓紧有利时机，追肥耘田、加强管理。

“三伏熏蒸四大愁，暑中方信此生福。岁华过半休惆怅，且对西风贺立秋。”不管怎么说，立秋了，早晚有了凉意，春华秋实的收获季来到了，愿你抛却暑气烦扰，也回忆一下自己曾在春天许下的愿望和诺言，看看这时会有哪些收获。

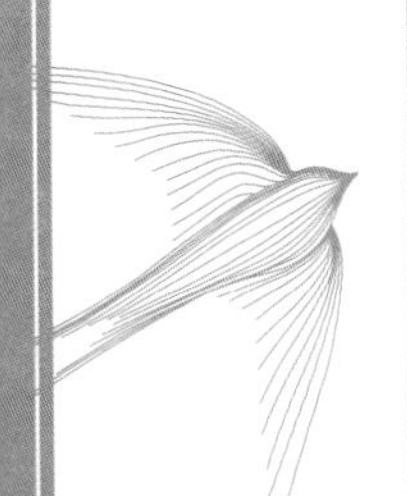

处暑已来到，秋雨送秋凉

——二十四节气之处暑

处暑后风雨

宋 仇远

疾风驱急雨，残暑扫除空。
因识炎凉态，都来顷刻中。
纸窗嫌有隙，纨扇笑无功。
儿读秋声赋，令人忆醉翁。

处暑出现在每年的8月22日、23日或24日，此时太阳到达黄经150°。“处”有躲藏、终止的意思，“处暑”表示炎热的夏天即将过去，此后我国长江以北地区气温逐渐下降，多数地区雨季将结束，降水逐渐减少。

古人将处暑分为三候："一候鹰乃祭鸟；二候天地始肃；三候禾乃登。"意思是，老鹰开始大量捕猎鸟类；万物开始凋零；黍、稷、稻、粱等农作物开始成熟。

处暑的到来，意味着忍受了多日酷暑煎熬的人们，终于期盼到凉爽的秋天。但是，我国南方许多地区这个时期还会经常遭受"秋老虎"的困扰。这是由于南退后的副热带高压又再度控制江淮及附近地区，因而形成连日晴朗、日射强烈的暑热天气，这样往往容易造成当地夏秋连旱，使秋季防火期大大提前。

处暑时节气温开始走低，平均气温一般较立秋降低1.5 ℃左右，个别年份8月下旬华南西部可能出现连续3天以上日平均气温低于23 ℃的低温，影响杂交水稻开花。处暑之后西太平洋副热带高压逐渐向南撤退，蒙古冷高压开始显露身手，在冷高压控制下，我国东北、华北等地雨季结束，开始了一年之中秋高气爽的好天气。西北高原海拔3500米以上地区已经呈现初冬景象，牧草渐萎，霜雪日增。而在山西，处暑时节还处于秋收、秋管的忙碌时段，有农谚为证："秋禾锄草麦地耱，打切棉花去病柯""南部种麦订计划，晋中棉花打顶柯。晋北侧重积肥事，胡麻莜麦要收罗"。

随着太阳直射点继续南移，北半球白昼越来越短，接收太阳辐射的时间也越来越少，渐渐地，地表接收的太阳辐射少于地面向空中散发的辐射，天气一天比一天冷起来。这时大气中若有暖湿气流输送，往往会形成一场秋雨。风雨过后，人们会明显感觉到降温，故有"一场秋雨一场寒"之说。

处暑时节，气温进入了显著变化阶段，总的来看，白天热、早

晚凉，昼夜温差大，降水少，空气湿度低。因而要提早预防呼吸道疾病、肠胃炎、感冒等发生，保持清淡饮食，适当加强锻炼，保证睡眠充足，预防秋乏秋燥。另外，处暑后太阳的紫外线辐射指数仍然较大，千万不可忽视防晒，莫要被“秋老虎”伤了皮肤。

处暑节气前后的民俗多与祭祖及“迎秋”有关。旧时民间从农历七月初一起，就有“开鬼门”的仪式，直到月底“关鬼门”为止，都会举行放河灯等活动，时至今日，处暑时节已成为祭祖的重大活动时段。对于沿海渔民来说，处暑以后是渔业收获的时节，每年处暑期间，在浙江沿海一带都要举行盛大的开渔仪式，欢送渔民开船出海，人们往往也在这一时期享受到种类繁多的美味海鲜。处暑过，暑气止，就连天上的云彩也显得疏散自如，民间有“七月八月看巧云”的说法。处暑之后，秋意渐浓，不妨去看云、登高，畅游郊野，迎秋赏景。

露从今夜白，月是故乡明

——二十四节气之白露

月夜忆舍弟

唐　杜甫

戍鼓断人行，边秋一雁声。
露从今夜白，月是故乡明。
有弟皆分散，无家问死生。
寄书长不达，况乃未休兵。

唐代诗人杜甫的《月夜忆舍弟》，让人记住了千古名句“露从今夜白，月是故乡明”。白露节气，露清冷、月高悬，不禁让人产生寂寞之感与思念之情……

白露，出现在每年的9月7日、8日或9日，此时太阳到达黄经165°。《月令七十二候集解》云："水土湿气凝而为露，秋属金，金色白，白者露之色，而气始寒也。"可见白露是反映自然界气温变化的节令。进入白露之后，气温较前期继续下降，天气转凉，早晨草木上有了露水，此时人们会明显感觉到炎热的夏天已过，凉爽的秋天已经到来。

白露大约是最富有诗意的节气，古时文人墨客留下了诸如"蒹葭苍苍，白露为霜""秋风何冽冽，白露为朝霜"等名句，至今人们还在吟咏传唱。古人认为露是祥瑞之物，可以祛病延寿，"甘露降"则是帝王施仁政、德泽万民的征兆。

古人将白露分为三候："一候鸿雁来；二候玄鸟至；三候群鸟养羞（同馐）。"意思是，排成"一"字或"人"字队形的大雁陆续南飞；屋檐下的小燕子也要辞别旧居，飞往南方栖息地越冬了；留在北方过冬的鸟儿们开始增生羽毛，贮存干果粮草，搭枝筑巢，准备过冬。

进入白露节气后，大气环流开始调整，冷空气转守为攻，侵入频繁，暖空气逐渐退避三舍。加之太阳直射地面的位置南移，北半球日照时间越来越短，白天日照强度减弱，夜间地面辐射散热加快，致使气温下降速度也逐渐加快。人们用"白露秋风夜，一夜凉一夜"的谚语来描述此时气温下降速度加快的情形。白露过后，白天和晚上的温差日益加大，有利于农作物体内的营养物质向籽粒运送和积累，促使作物迅速成熟，是丰产的一种有利条件。"白露白迷迷，秋分稻秀齐"，意思是，白露前后若有露，则晚稻将有好收成。不过这段时间不会维持很长，因为气温越降越低，秋霜很快也要来到了。

进入白露节气，我国北方多地降水明显减少，秋高气爽，云淡风轻，天气不冷不热，许多花木依然茂盛，是一年中登高望远、出门旅游的“黄金季节”。但如果出现严重秋旱，不仅影响秋季作物收成，还会延误秋播作物的播种和出苗，影响来年收成。另外，伴随秋旱，特别是山地林区，空气干燥、风力加大，森林火险等级会持续偏高。而华西秋雨多出现于白露至霜降前，强度小、雨日多、常连绵是其特点。期间日照明显减少，对晚稻抽穗扬花和棉花爆桃极为不利，也影响中稻的收割和翻晒，所以农谚有“白露天气晴，谷米白如银”的说法。

白露时节昼夜温差大，因而要注重耐寒锻炼，预防感冒。在饮食调节上也要更加慎重，不可一味地强调“贴秋膘”，宜以清淡、易消化且富含维生素的食物为主。另一方面，也要预防“秋燥”，多吃梨、百合、银耳等食物。

白露节气的民间习俗也不少，福州人白露必吃龙眼，老南京人却十分青睐喝白露茶， 苏浙一带的人们则在白露到来时家家酿酒，用以待客，称为白露米酒。太湖畔的渔民会在白露时节举行祭禹王的香会。

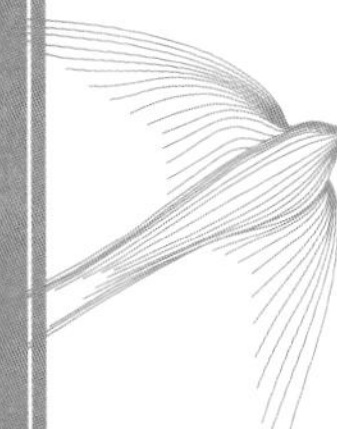

平分秋色话秋分

——二十四节气之秋分

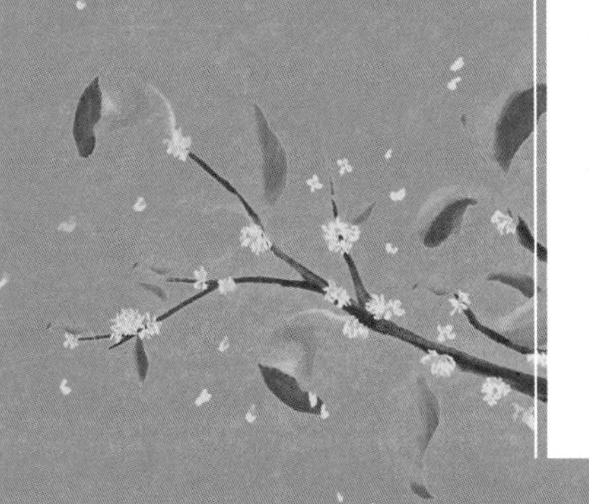

秋分后顿凄冷有感

宋　陆游

今年秋气早，木落不待黄。
蟋蟀当在宇，遽已近我床。
况我老当逝，且复小彷徉。
岂无一樽酒，亦有书在傍。
饮酒读古书，慨然想黄唐。
耄矣狂未除，谁能药膏肓。

每年的9月22日、23日或24日，当太阳到达黄经180°时，进入秋分节气。秋分同春分一样，这一天太阳几乎直射赤道，因而昼夜

均分，各有12小时。此后，太阳的直射点继续南移，北半球将开启昼短夜长模式（直至冬至日达到黑夜最长，白天最短）。按气象学上的标准，秋分时节，我国长江流域及其以北的广大地区，日平均气温都降到了22 ℃以下，进入凉爽的秋季。来自北方的冷空气逐渐增强自己的势力，与日渐衰退的暖湿空气相遇后，便会产生降水，人们则会明显地感受到秋风、秋雨带来的寒凉，但秋分之后的日降水量一般不会很大。

古人将秋分分为三候："一候雷始收声；二候蛰虫坯户；三候水始涸。"古人认为雷是因为阳气兴盛而发声，秋分后阴气开始旺盛，所以不再打雷了，但现在随着全球气候变暖，极端天气增多，秋分后出现雷声也不是没有可能；二候中的"坯"字是细土的意思，意思是，由于天气变冷，蛰居的小虫开始藏入洞穴中，并且用细土将洞口封起来以防寒气侵入；"水始涸"即此后降雨量开始减少，天气干燥，水分蒸发，因而湖泊与河流中的水量变少，一些沼泽及水洼便处于干涸之中。

秋分节气是我国农业生产上重要的节气，棉花吐絮，烟叶由绿变黄，正是收获的大好时机。谚语"白露早，寒露迟，秋分种麦正当时"反映了我国华北地区播种冬小麦的时间；而"秋分天气白云来，处处好歌好稻栽"则反映的是江南地区的农事。由于这个时段气温下降加快，因而要及早抢收秋收作物，以免受霜冻和连阴雨的危害；还要适时早播冬作物，争取充分利用冬前的热量资源，培育壮苗安全越冬；同时，要加强田间管理，注意预防低温冷害和病虫害。

据史书记载，早在周朝，古代帝王就有春分祭日，夏至祭地，秋分祭月，冬至祭天的习俗。北京的月坛就是明清皇帝祭月的地方。祭月的风俗也不仅为宫廷及上层贵族所奉行，民间也盛行。现在的中秋节即由传统的祭月节而来，每年农历八月十五日，人们赏明月、吃月饼，尽情享受合家团圆的美好时光。

秋分和春分一样，每年这一天，世界各地都会有数以千万计的人在做“竖蛋”试验。其实，竖蛋不用挑时辰，只要你有足够的耐心和技巧，尽量使蛋的重心低于蛋中部最大周长的曲线位置，成功率还是相当高的。

秋分清晨气温低，应根据气温变化及时增减衣服，户外运动前做好充分的准备活动，避免损伤肌肉、关节等。

寒露寒露，遍地冷露

——二十四节气之寒露

月夜梧桐叶上见寒露

唐　戴察

萧疏桐叶上，月白露初团。
滴沥清光满，荧煌素彩寒。
风摇愁玉坠，枝动惜珠干。
气冷疑秋晚，声微觉夜阑。
凝空流欲遍，润物净宜看。
莫厌窥临倦，将晞聚更难。

每年的10月8日或9日，太阳到达黄经195°时，寒露节气开始。太阳的直射点在南半球继续南移，北半球阳光照射的角度开始明显倾斜，地面所接收的太阳热量比夏季显著减少。

寒露，意为天气由凉爽向寒冷过渡，这个时期的气温比白露时节更低，地面的露水更冷。因而有“寒露寒露，遍地冷露”的说法。在广东一带流传着“寒露过三朝，过水要寻桥”的谚语，指的是，天气变凉了，不能再像以前那样赤脚蹚水过河或下田了。可见，寒露期间，人们可以明显感觉到季节的变化，开始用“寒”来表达自身对天气的感受了。

古人将寒露分为三候：“一候鸿雁来宾；二候雀入大水为蛤；三候菊有黄华。” 意思是，寒露节气期间，鸿雁排成“一”字或“人”字形的队列大举南迁；深秋天寒，雀鸟都不见了，古人看到海边突然出现很多蛤蜊，并且贝壳的条纹及颜色与雀鸟很相似，所

以便误以为是雀鸟变成的；“菊有黄华”则是说此时漫山遍野的菊花凌寒怒放，给肃杀凄凉的深秋涂抹出一片勃然生机。

寒露以后，我国大部分地区在冷高压控制之下，雨季基本结束。这个节气的一个明显特点是气温降得快。白天往往比较温暖，秋高气爽，晴空万里，一派深秋美丽宜人的景象，登高、赏菊都是这个节气里最适宜的活动，但夜晚却比较寒冷。这个时节若遭遇秋雨，空气中丰沛的水汽很快达到饱和，将会出现雨雾混合或者雨后大雾的情况，给交通运输和出行安全带来不便。另外，平均气温分布的地域差别明显，在正常年份，10 ℃的等温线此时已南移到秦岭淮河一带，长城以北则普遍降到0 ℃以下，东北和新疆北部地区已经开始飘雪。我国大部分地区雷暴已消失，只有云南、四川和贵州局部地区尚可听到雷声。华北10月份降水量普遍减少，西北地区更少。干旱少雨往往给冬小麦的适时播种带来困难，成为旱地小麦争取高产的主要限制因素之一。

“寒露风”是秋季冷空气入侵南方后引起显著降温，造成晚稻瘪粒、空壳减产的一种农业气象灾害。因这种低温冷害多出现在寒露期间，故被称为“寒露风”。“寒露风”对双季晚稻危害很大，因而必须采取积极的防御措施，如根据“寒露风”出现的早晚安排适宜的播种期、选育抗低温高产品种、加强田间管理、合理施肥、科学用水、改善农田小气候等，以增强水稻根系活力，提高作物的抗低温能力；或喷洒化学保温剂，抑制其水分蒸发，以减轻低温危害。

到了寒露，露水增多，且气温更低。我国部分地区会出现霜冻，北方已呈深秋景象；在青海与四川交界处以及四川西部，海拔较高的高原山区，开始出现积雪，也会给当地交通、畜牧业带来较大的影响。

寒露时节前后，有一个重要的节日是重阳节，在农历九月初九这一天，我国自古以来有登高的习俗，所以又被称为登高节。

寒露饮食养生应根据个人的具体情况，适当多食甘、淡、滋润的食品，既可补脾胃，又能养肺润肠，防治咽干口燥等症。

霜降霜降，是否真的从天而降？

——二十四节气之霜降

枫桥夜泊

唐　张继

月落乌啼霜满天，
江枫渔火对愁眠。
姑苏城外寒山寺，
夜半钟声到客船。

每年10月23日或24日，太阳到达黄经210°时，霜降节气开始。《月令七十二候集解》云：“九月中，气肃而凝，露结为霜矣。”此时，我国黄河流域出现白霜，广袤大地上一片银色冰晶熠熠闪光，天气显得更冷了。古籍《二十四节气解》记载：“气肃而霜降，阴始凝也。”但霜是否真的从天而降呢？

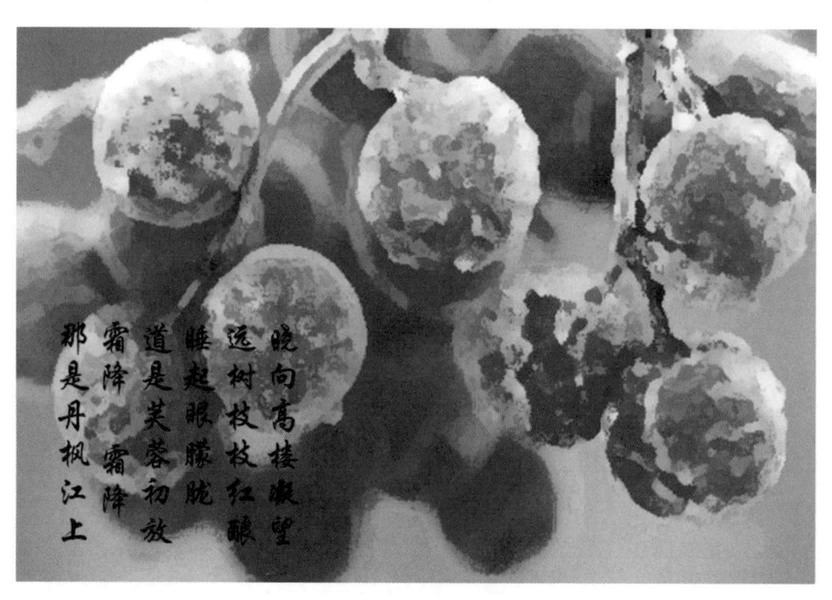

其实，从霜的成因我们知道，晚秋晴朗无风的夜晚，当地面上的物体温度降到0 ℃以下时，空气中的水汽接触到冷的物体，就在其表面凝华（气态变成固态）成了冰晶，这就是我们常见到的霜。可见，出现霜，一是地面或地物的温度降到0 ℃以下，二是贴地层空气中的水汽含量达到一定程度，霜并非从天而降。在二十四节气中，白露、寒露、霜降均反映的是水汽凝结或凝华的现象。气象学上，一般把秋季出现的第一次霜叫作“初霜”，而把春季出现的最后一次霜称为“终霜”。从终霜到初霜之间的时期就是无霜期。一个地方无霜期的长短直接影响着当地农作物的种植方式和品种选择。

古人将霜降分为三候：“一候豺乃祭兽；二候草木黄落；三候蜇虫咸俯。”意思是，这个时节，豺一类的动物开始捕获猎物过冬；树叶枯黄掉落；而冬眠的动物也藏在洞中不动不食进入冬眠状态。霜降是从秋向冬过渡的开始，天气渐冷，初霜出现，“寒露不算冷，霜降变了天”，到了这个时节，更应注意添衣保暖。

霜降时节，我国大部分地区进入干季。“十月寒露接霜降，秋收秋种冬活忙，晚稻脱粒棉翻晒，精收细打妥收藏”，可见霜降时节南方的农活还不少。而北方已进入秋收扫尾阶段，农谚“霜降不起葱，越长越要空”告诉人们，要及时收获大葱，避免经济损失；“满地秸秆拔个尽，来年少生虫和病”则提醒农人要及时把地里的秸秆、根茬清理干净，消灭潜藏的虫卵病菌，另外，要适时起挖红苕甘薯，免遭霜冻危害。

那么霜与霜冻又有什么关系呢？霜冻是土壤表面植株附近的气温迅速下降到0 ℃或0 ℃以下而引起的植株冻害现象。植株体内

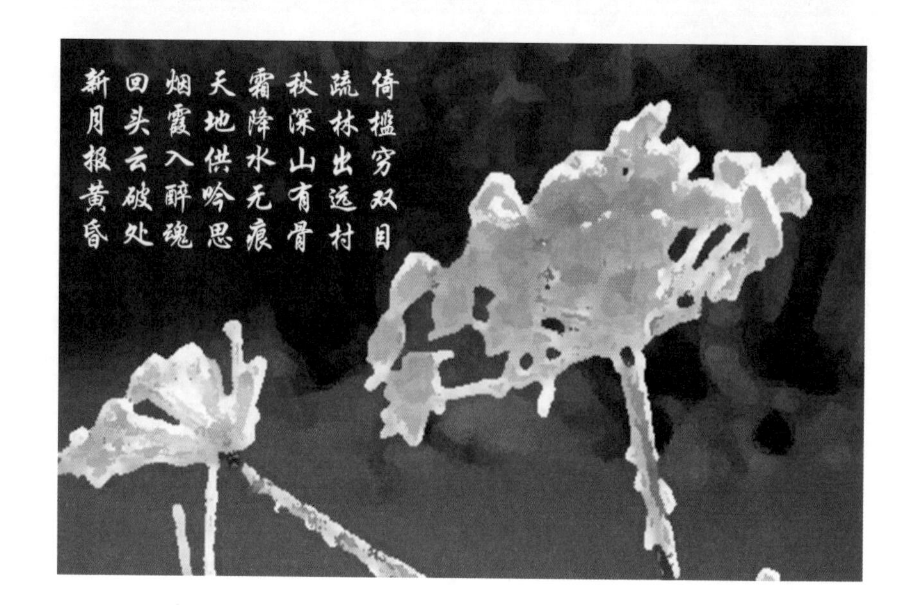

的水分因气温下降冻结成冰晶，蛋白质沉淀，细胞内的水分外渗，表现出“很受伤”的样子，可见危害作物的主要是“冻”，不是“霜”。因此，发生霜冻时不一定出现霜，出现霜时也不一定就有霜冻发生。但是，因为霜出现时的温度已经比较低，要是继续冷却，便很容易导致霜冻的发生。

霜降时节正是秋菊盛开的时候，菊花被古人视为“候时之草”，是生命力的象征。我国很多地方在这时要举行菊花会，赏菊饮酒，以示对菊花的崇敬和爱戴。霜降这一天，我国闽南、台湾地区有食鸭肉的习惯，当地谚语“一年补通通，不如补霜降”，充分体现出闽台民间对霜降这一节气的重视。因此，每到霜降时节，闽台地区的鸭子就会卖得异常火爆。而广西玉林的人们习惯在霜降这天吃牛腩煲之类的佳肴来补充能量，祈求在冬天身体暖和强健。一些地区还有在霜降节气吃柿子、煲羊肉等习俗，以御寒保暖，增强体质。

秋收冬藏说立冬

——二十四节气之立冬

立冬

唐 李白

冻笔新诗懒写，
寒炉美酒时温。
醉看墨花月白，
恍疑雪满前村。

每年的11月7日或8日，当太阳到达黄经225°时，进入立冬节气。“立”是建立、开始的意思，表示冬季自此开始。《月令七十二候集解》中对“冬”的解释是：“冬，终也，万物收藏也。”意思是说秋季作物全部收晒完毕，收藏入库，动物也已藏起来准备冬眠。虽然立冬在节气上标志着冬季的开始，但我国幅员辽阔，仍有很多地方此时并未进入真正意义上的冬天，深秋的红叶、黄叶在一段时间内依然是人们出游欣赏的好风景。

立冬时节，我们所处的北半球获得的太阳辐射能量越来越少，但由于此时地表在下半年贮存的热量还具有一定的强度，所以一般还不会太冷，但气温会逐渐下降。有时，随着冷空气的前锋移出本地，后面没有新的冷空气补充，几天之后，温度回升但空气质量却逐渐变坏。特别是一些大城市，由于空气中积累的水汽与污染物微粒结合凝结，容易形成烟雾或是浓雾，影响人们的健康和交通出行。在我国西南、江南，水汽条件往往比北方要好，如果早晨气温

偏低，就会有成片的大雾出现。正常年份的11月，北起秦岭、黄淮西部和南部，南至江南北部都会陆续出现初霜。

古人将立冬分为三候：“一候水始冰；二候地始冻；三候雉（zhì）入大水为蜃（shèn）。”意思是，立冬后，水已经能结成冰；土地也开始冻结；“雉”是指野鸡一类的大鸟，立冬后，它们便不多见了，“蜃”为大蛤，这一时期海边可以看到外壳与野鸡的线条及颜色相似的大蛤，所以，古人误认为雉到立冬后便变成大蛤了。立冬时节，天气开始由凉转冷。我国由北向南开始出现结冰现象甚至初雪，大地逐渐开始封冻，土地将在漫漫长冬中休养生息，积蓄更多的养分和能量，辛劳的农民们经历了春种、夏管，此时也迎来了秋收的喜悦和“冬藏”的安逸。

不论是南方还是北方，我国民间都有立冬“补冬”的习俗。人们认为只有进补才能抵御严寒的侵袭。冬季饮食的营养特点是增加热量，可选用脂肪含量较高的食物。在日常饮食中应注意增加富含糖分、脂肪、蛋白质、维生素、钠、钾、钙等营养成分的食物。饮食以清淡为主，少食煎炒，多进果蔬，力戒温燥、辛辣刺激之物。冬天虽然排汗排尿减少，但维持大脑与身体各器官的细胞要正常运作依然需要水分滋养，每日补水应多于2000毫升，养出一个“温润”的自己来。

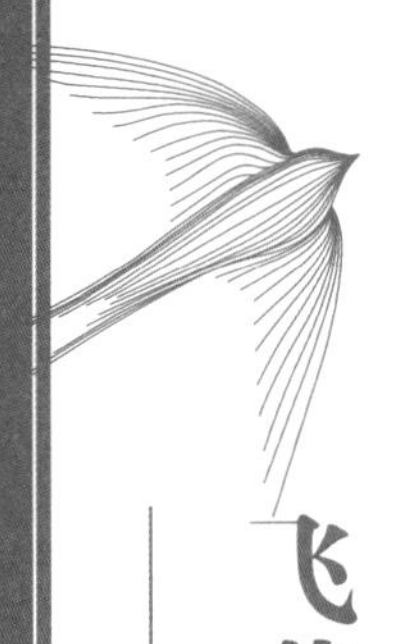

飞花如絮迎小雪

——二十四节气之小雪

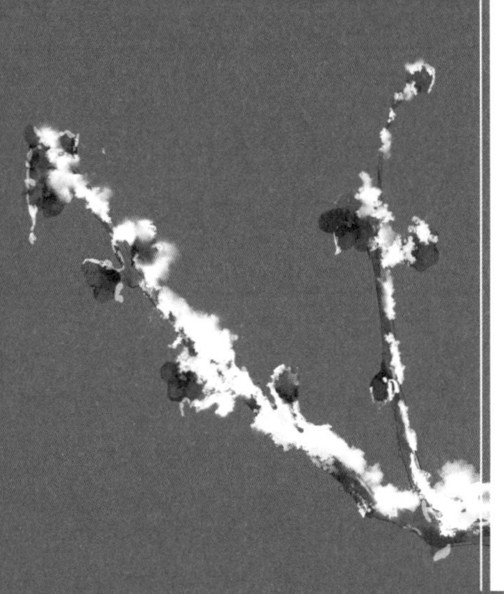

小 雪（节选）

唐 无可

片片互玲珑，飞扬玉漏终。
乍微全满地，渐密更无风。
集物圆方别，连云远近同。
作膏凝瘠土，呈瑞下深宫。
……

唐代诗僧无可的《小雪》是否带你走进了冬日一处静谧的所在？

小 雪

左河水

太行初雪带寒风，
一路凋零下赣中。
菊萎东篱梅暗动，
方知大地转阳升。

当代诗人左河水的《小雪》是否又让你感受到小雪节气的瑟冷与萧索？

每年的11月22日或23日，当太阳到达黄经240°时，进入小雪节气。《月令七十二候集解》云：“十月中，雨下而为寒气所薄，故凝而为雪。小者未盛之辞。”古籍《群芳谱》云：“小雪气寒而将雪矣，地寒未甚而雪未大也。”小雪表示降雪的开始和程度大小，是反映降水现象的节气。这个时节南方地区的北部开始进入冬天，“荷尽已无擎雨盖，菊残犹有傲霜枝”，呈现初冬景象。北方地区受强冷空气影响，气温逐步降到0 ℃以下，常会出现入冬的第一场雪，但这个时段大地尚未特别寒冷，虽开始降雪，但雪量不大，落地易融化，“小雪不怕小，扫到田里就是宝”，可见即使雪量小，对农业生产也十分有益。但如果冷空气势力较强，暖湿气流又比较活跃的话，这时段也有可能下大雪。

小雪已晴芦叶暗
长波乍急鹤声嘶
孤舟一夜宿流水
眼看山头月落溪

古人将小雪分为三候："一候虹藏不见；二候天气上升，地气下降；三候天地不通，闭塞而成冬。"意思是，由于天空中的阳气上升，地中的阴气下降，导致天地不通，阴阳不交，所以万物失去生机，天地闭塞而转入严寒的冬天。

但位于山西南部的黄河壶口瀑布，小雪时节还常会有"彩桥通天"的奇观出现。这是因为，这个时段强降雨天气减少，瀑布水势相对平稳，十里龙槽水位下降，落差加大，飞流直下的瀑布溅起大片白色的水雾，而太阳又逐渐远离北回归线，阳光斜射，瀑布折射出的彩虹便更高更大。小雪过后，随着天气越来越冷，壶口瀑布将逐渐出现流凌冰挂景观，当地也流传着"小雪流凌，大雪合桥"的民谣。

小雪节气的到来，也提醒人们该为过冬做准备了。生炉火、穿棉衣，为牛羊圈搭建密封围栏，给鸡窝、狗窝盖上旧棉絮等，都是往日农人过冬前必做的功课。但现在对于北方大多数地方来说，冬季集中供暖已经解决了大家过冬的后顾之忧，规模化养殖更是配备了高科技的智能化御寒设备，但室外的树木尤其是果树等经济林木则仍然要及早采取措施避免受冻。另外，冬季果树进入休眠期，正是“冬管”的黄金期，抓紧时间对树枝进行整形修剪，去掉老枝、病虫枝，使得树木养分合理分配，获得更好的通风和阳光，是来年果树丰收的保障。

小雪节气是山西冬小麦停止生长并进入越冬期的开始时间。小雪节气前后，冬小麦大部分处于三叶到分蘖期，此期间，光、温、水条件对冬小麦来年生长发育十分重要。气温偏高，则有利于冬小麦冬前活动积温的积累，促进壮苗形成，特别是对播种偏晚、发育期刚过三叶期不久的冬小麦生长发育有利。另外，水分条件也是冬前壮苗形成的重要基础，充足的底墒对冬小麦安全越冬及来年返青都十分重要。有农谚云："麦收八十三场雨。"其中的"十"即指小雪节气后，农历十月的降雪将为小麦过冬打好基础（农谚中的"八"是指农历八月里要有一场好雨，为小麦打好底墒；"三"是指来年农历三月的降水，为小麦拔节灌浆打好基础，有了这三场好雨，来年的小麦一般会获得好收成）。

"小雪不收菜，冻了莫要怪"，到了小雪节气，要及时储藏大白菜、土豆、红薯等，或用地窖，或用土埋，以利食用。在此期间还要做好鱼塘越冬的准备和管理，提前做好大型牲畜越冬饲料的准备工作，保证牲畜越冬的存活量。

我国各地小雪时节的习俗不尽相同，北方多地有小雪时节吃涮羊肉的习俗，其他很多地方还有腌酸菜、加工腊肉的习惯。这个时段进补牛羊肉、鸡肉，补充腰果、芡实、山药、栗子、核桃等都是不错的选择。另外，在防寒保暖的同时，要注意开窗通风，在使用燃气热水器、生煤炉炭火时，尤其要注意通风换气，严防一氧化碳中毒。

大雪节气雪纷纷？

——二十四节气之大雪

夜雪

唐 白居易

已讶衾枕冷，
复见窗户明。
夜深知雪重，
时闻折竹声。

大雪节气和小雪、雨水、谷雨等节气一样，都是反映降水的节气。此时太阳到达黄经255°，大约出现在每年的12月6日、7日或8日。《月令七十二候集解》云："大雪，十一月节，至此而雪盛也。" 但其实作为一个降水类节气，只意味着这个时节降雪的可能性比小雪节气更大，而非降雪量一定大。但天气预报中的"大雪"是指降雪强度较大的雪。气象学上规定：下雪时水平能见距离小于500米，地面积雪深度等于或大于5厘米，或24小时内降雪量达5.0至9.9毫米的降雪称为大雪。

这个节气内，影响我国的冷空气活动将更加频繁，天气更冷，我国北方地区开始出现大幅度降温降雪天气，在强冷空气前沿冷暖空气交锋的地区，会降大雪，甚至暴雪。强冷空气过后，北方大部分地区12月的平均温度在–20～–5 ℃，南方也会出现霜冻。

古人将大雪分为三候："一候鹖鴠（hé dàn）不鸣；二候虎始交；三候荔挺出。"意思是，此时因天气寒冷，寒号鸟不再鸣叫了；大雪节气阴气渐盛，所谓盛极而衰，阳气已有所萌动，老虎开始有求偶行为；一种叫作"荔挺"的兰草也由于感到阳气的萌动而抽出新芽。

俗话说：“小雪封地，大雪封河”“大雪冬至后，篮装水不漏”。到了大雪节气，河水封冻，人们可以尽情地滑冰嬉戏。打雪仗、堆雪人、赏雪景也成了雪后室外的主要娱乐活动。“小雪腌菜，大雪腌肉”，腌肉、咸鱼等腌制品也挂满了家家户户的屋檐。鲁北民间有“碌碡（liù zhou）顶了门，光喝红黏粥”的说法，意思是天冷不再串门，只在家喝暖乎乎的红薯粥度日。南京人有吃萝卜圆子、火锅的习俗。大雪时节台湾适逢落花生的采收期，也是捕获乌鱼的好时节。大雪节气白天短、夜间长，所以，古时纺织、刺绣等手工作坊、家庭手工就纷纷开夜工，俗称“夜作”，随之即出现了各种夜市小吃摊。

大雪时节东北、西北地区平均气温已达−10 ℃，黄河流域和华北地区气温也稳定在0 ℃以下，冬小麦已停止生长。江淮及以南地区小麦、油菜仍在缓慢生长，所以要注意施好肥，为安全越冬和来春生长打好基础。华南、西南小麦进入分蘖期，应结合中耕施好“分蘖肥”，注意冬作物的清沟排水。大雪时节的雪对于来年地表水分的积蓄起着关键性作用。农谚云：“今冬麦盖三床被，来年枕

着馍馍睡。”此时的积雪，一可以给冬小麦保温保湿，防止冬季干风吹；二可以储存来年生长所需水分；三能冻死土壤表面的一些虫卵，减少小麦返青后的病虫害发生。但雪太大，也会对一些设施农业产生不利影响，所以一些农事活动仍不能放松。降雪路滑，化雪成冰，容易导致航班延误、公路交通事故和车道拥堵；个别地区的暴雪封山、封路还会对牧区草原人畜安全造成威胁，所以一定要做好防冻保暖措施。

大雪节气，人的血压、气管、肠胃等都会因为天气寒冷而有所变化，预防中风、心脏病发作、消化道溃疡都变得十分重要。应早睡晚起，多吃些含碘和铁的食物，提高免疫力和机体御寒能力，同时适当运动、增强对天气气候变化的适应能力。多关注气象部门对强冷空气和低温的预报，注意防寒保暖。

大雪结束之时就是冬至开始之日，人们将开始数着“九九”过隆冬。对我国大多数地区而言，大雪节气是迈向隆冬季节的一个过渡期。

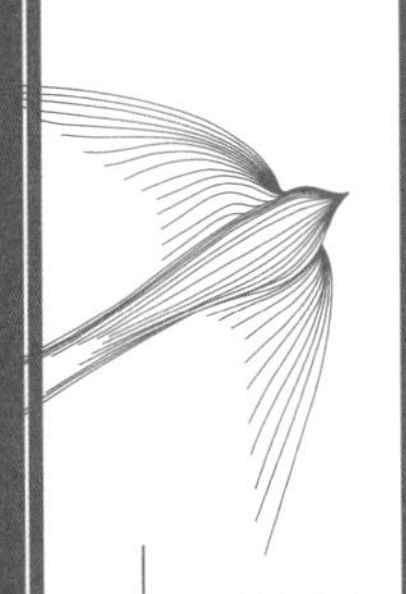

『数九』的歌儿唱起来

——二十四节气之冬至

冬至数九歌

一九二九不出手，
三九四九冰上走，
五九六九沿河看柳，
七九河开八九雁来，
九九加一九，耕牛遍地走。

相信大家对这《冬至数九歌》都不陌生吧。当然，我国地域辽阔，各地流传的《冬至数九歌》略有差别，但无一例外地都是以冬至节气为起点开始“数九”，人们唱《冬至数九歌》，画《九九消寒图》，以此来熬冬盼春，打发冬日寂寞时光。

每年的12月21日、22日或23日，太阳到达黄经270°时，进入冬至节气，这时阳光几乎直射南回归线。冬至日是北半球一年中白昼最短的一天，相应地，南半球在这一天白昼最长。冬至过后，太阳的直射点又慢慢地向北回归线转移，北半球的白昼又慢慢加长，所以古时有“冬至一阳生”的说法，意思是说从冬至开始，阳气又慢慢地回升。

古人将冬至分为三候：“一候蚯蚓结；二候麋角解；三候水泉动。”传说蚯蚓是阴曲阳伸的生物，此时阳气虽已生长，但阴气仍然十分强盛，土中的蚯蚓仍然蜷缩着身体；麋与鹿同科，却阴阳不同，古人认为麋的角朝后生，所以为阴，而冬至一阳生，麋感阴气渐退而

解角；由于阳气初生，所以此时山中的泉水可以流动并且温热。

冬至是反映季节变化的节气，冬至后虽进入了“数九天气”，但我国各地气候差异还是比较大。北方大部地区平均气温在0 ℃以下，而南方大部地区也只有6～8 ℃。东北地区千里冰封、黄淮地区寒风萧萧，而江南地区的冬作物仍在继续生长，华南沿海的平均气温则在10 ℃以上。时至冬至，天气寒冷干燥，是火灾事故的高发期，因而要特别提高警惕，防止火灾发生，加强森林防火预警，提高安全意识和突发情况的应对能力。

冬至是我们先民在春秋战国时期最早确立的节气之一，因而关于冬至的习俗也流传下来不少。在古代帝王所有的祭祀仪式当中，最隆重的祭祀之一便是每年冬至祭天，《周礼·大司乐》云：“冬至日祀天于地上之圜（yuán）丘。”

除了祭天，冬至也是先民感怀祖先恩德、祭祀祖先的日子，节日食俗异常丰富。民间有“冬至馄饨夏至面”的说法，馄饨与混沌谐音，象征咬破混沌天地，迎来新生。冬食馄饨，更有利于驱寒储热。北方多地还有冬至吃饺子的习俗，流传着一段和“医圣”张仲景有关的感恩故事，张仲景辞官回乡时，正值冬季。他看到沿途百姓面黄肌瘦，饥寒交迫，不少人的耳朵都生了冻疮，便让其弟子在南阳东关搭起医棚，支起大锅，将羊肉和一些驱寒药材放在锅里熬煮，然后将羊肉、药物捞出来切碎，用面包成耳朵样的“娇耳”，煮熟后，分给来求药的人每人两只“娇耳”和一大碗肉汤。人们吃了“娇耳”，喝了“祛寒汤”，浑身暖和，两耳发热，冻伤的耳朵

都治好了。后人学着“娇耳”的样子，包成食物，称为“饺子”或“扁食”。至今民间仍有“冬至不端饺子碗，冻掉耳朵没人管”的民谣。我国多地还有冬至日吃汤圆、赤豆粥、黍米糕、姜母鸭、羊肉等习俗，不一而足。

冬至还有个重要习俗——祭孔拜师，堪称中国最早的教师节。《南宫县志》记载：“冬至节，释菜先师……奠献毕，弟子拜先生，窗友交拜。”“释菜先师”就是一种祭孔的形式，是指以芹藻之礼拜先师孔子。山西《虞乡县志》记载：“冬至即冬节……各村学校于是日拜献先师。学生备豆腐来献，献毕群饮，俗呼为‘豆腐节’。”足见各地尊师重教之风。

冬至前后，虽然北半球日照时间最短，接收的太阳辐射量最少，但这时地面在夏半时积蓄的热量还可提供一定的补充，因而这时气温还不是最低，需要为开春后的农事活动做好准备。在江苏一带口传的《数九歌》把冬日农事作了形象的归纳：一九二九，背起粪篓；三九四九，拾粪老汉沿路走；五九六九，挑泥挖沟；七九六十三，家家把种拣；八九七十二，修车装板儿；九九八十一，犁耙一起出。冬至节气还需注意越冬害虫的防治，可通过冬耕将潜伏在土内的越冬虫、蛹或卵翻到地表冻死，或采用冬灌使土壤中越冬害虫窒息死亡。对在植物残体内越冬的害虫，宜及时处理植物残体，将其沤制肥料或做烧柴用。对果树虫害，则可结合冬剪、剪除虫梢、清理田园内残枝落叶等方式杀死越冬的虫、卵。

“吃了冬至饭，一天长一线”，从冬至开始，一天描一笔“亭前垂柳珍重待春风”，或是画一枝99瓣素梅，每过一天染红一瓣，期待春的到来……

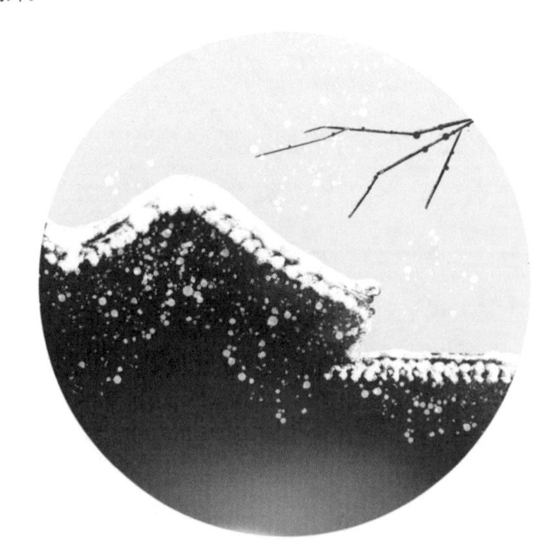

莹莹雪花迎小寒

——二十四节气之小寒

小寒

唐 元稹

小寒连大吕，欢鹊垒新巢。
拾食寻河曲，衔紫绕树梢。
霜鹰近北首，雊雉隐丛茅。
莫怪严凝切，春冬正月交。

唐朝元稹的《小寒》既隐含着小寒三候，又给人以春的希冀。每年的1月5日或6日，太阳到达黄经285°时，进入小寒节气。

古人云：“冷气积久而为寒，小者，未至极也。”说明寒冷是个不断发展和积累的过程，到了小寒，我国大部分地区开始进入一

年中最冷的日子。民间有“小寒大寒，冷成冰团”的说法，这是由于冬至时节地表得到的太阳光热虽然最少，但还有土壤深层的热量补充，所以并不是全年最冷的时候。但冬至到“三九”前后，土壤深层的热量基本消耗殆尽，即使太阳光热稍有增加，仍入不敷出，因而便出现全年温度最低的状况。

古人将小寒分为三候：“一候雁北乡；二候鹊始巢；三候雉始雊（gòu）。”古人认为候鸟中大雁是顺阴阳而迁移的，此时阳气已动，所以大雁开始向北迁移；喜鹊在这个节气也感觉到阳气而开始筑巢了；到了三候，野鸡也感到阳气的滋长而鸣叫。

小寒和大寒都是表征天气寒冷程度的节气，但究竟是小寒更冷还是大寒更冷？这需要依据当年当地具体的天气情况、大气环流形势，在对该时段的气温进行统计分析后才能得出结论。中国气象网

曾对1951—2016年小寒和大寒节气期间的我国平均气温进行统计，分析得出：黄河以北大部分地区大寒节气比小寒节气温度要低；而在长江和黄河之间的地区，小寒和大寒节气的气温不相上下；长江以南地区小寒节气则要比大寒节气更冷。但具体到某地某年，小寒与大寒哪个更冷，并不见得年年相同。

另外，我国南北地域跨度大，同样是小寒节气，不同地域农事活动也各不相同。在北方，除了积肥、修剪果树、维护畜舍保暖

外，田间已经没有太多的农活。而在南方地区，则要注意给小麦、油菜等作物追施冬肥，做好防寒防冻、积肥造肥和兴修水利等工作，尤其要提防油菜“开反花”（油菜终花以后，叶腋内的休眠芽有可能重新成长开二次花，俗称“开反花”）。大棚蔬菜等设施农业要加强覆盖保温、防止植株受冻，同时应适时揭帘增强植株光合作用，促进蔬菜健康生长。

小寒节气正值三九严寒，古人“描字画梅数九”的民俗既能求得“消寒”，也是冬日里一种消遣怡情的养生方法。

自小寒开始，人们挑选一种花期最准确的花为代表，叫作这一节气中的花信风，意即带来开花音讯的风候，形成了“二十四番花信风”。

小寒：一候梅花、二候山茶、三候水仙；
大寒：一候瑞香、二候兰花、三候山矾；
立春：一候迎春、二候樱桃、三候望春；
雨水：一候菜花、二候杏花、三候李花；
惊蛰：一候桃花、二候棣棠、三候蔷薇；
春分：一候海棠、二候梨花、三候木兰；
清明：一候桐花、二候麦花、三候柳花；
谷雨：一候牡丹、二候荼蘼、三候楝花。

二十四番花信风不仅反映了花开与时令的关系，更能指导人们利用这种自然现象来掌握农时，安排农事。

小寒节气天气寒冷，因而一定要注意防寒保暖，尤其对肩颈部、脚部等易受凉的部位要倍加呵护。吃粥、喝汤、进补膏方等都是这个节气预防疾病、滋补身体的好方法。室外锻炼要做好充分的准备活动，长跑、滑雪、跳绳、踢毽子等都是不错的选择。

大寒已至，春还远吗？

——二十四节气之大寒

大寒吟

宋 邵雍

旧雪未及消，新雪又拥户。
阶前冻银床，檐头冰钟乳。
清日无光辉，烈风正号怒。
人口各有舌，言语不能吐。

宋朝邵雍的《大寒吟》为人们形象地描绘出一幅大寒时节滴水成冰、寒风刺骨的景象。

每年1月20日或21日，太阳到达黄经300°时，大寒节气到来。

大寒，是天气寒冷到极点的意思。俗语有“大寒年年有，不在三九在四九”，可见大寒节气天气已非常冷。大寒与小寒一样，都是表征天气寒冷程度的节气。这个时节，我国大部分地区气温仍然很低，而且由于冷空气活动频繁，常伴有寒风，防寒保暖仍然是首要任务。

古人将大寒分为三候：“一候鸡乳；二候征鸟厉疾；三候水泽腹坚。”意思是，到了大寒节气便可以孵小鸡了；而鹰隼之类的征鸟，却正处于捕食能力极强的状态中，常盘旋于空中寻找食物，以补充能量抵御严寒；水域中的冰一直冻到水中央，而且很厚实。

大寒节气之前的降雪此时因地表温度很低仍处于积雪状态。若在大寒时节还有降雪，将对冬小麦十分有利。“蜡树银山炫皎光，朔风独啸静三江。老农犹喜高天雪，况有来年麦果香”，“雪被”不仅隔离了寒气的侵入，使冬小麦免受冻害，而且开春积雪融化后，可以使土壤水分得到有效补充，促进冬小麦根部向土壤深处延伸，有利于小麦的后期生长。大寒时节，尽管各地农活依旧很少，但在农业生产中同样需要随时关注气象部门发布的天气预测预报，合理安排农事活动。

大寒节气在腊月，“小寒大寒，杀猪过年”，人们除了顺应节气干农活外，“赶年集”成了腊月里最忙碌的活动，采购年货、添置新衣、扎灯笼、贴窗花等，过年的气氛在整个腊月里被渲染得欢快而热闹。

大寒节气天气寒冷、湿度小，风干物燥，应特别注意野外烧荒或者在家取暖烤火等用火安全；同时可利用绿色植物或使用加湿器等方法增加室内湿度。这个时期还面临着中国百姓一年一度的“大迁徙”——春运，因而铁路、公路等交通运输部门要随时关注气象预警信息，确保安全运输。

大寒是我国二十四节气的最后一个节气，过了大寒，将迎来新一年的节气轮回。大寒过后，天气也逐渐变暖，春的希冀就在不远处等待着勤劳的人们。